应用型普通高等院校艺术及艺术设计类教材

室内装饰材料与施工工艺

主　编　曹春雷
副主编　白　芳　李文靖　何　丽

北京理工大学出版社
BEIJING INSTITUTE OF TECHNOLOGY PRESS

内 容 提 要

本书共分九章，包括装饰材料与施工工艺概述、隐蔽工程、泥水类装饰工程、吊顶工程、墙面施工工程（一）、墙面施工工程（二）、地面施工工程、涂饰及裱糊工程、配套装饰工程。本书全面系统地介绍了室内装饰材料与施工，内容由浅到深、由易到难、循序渐进，并配有大量施工案例，通俗易懂，图文并茂。

本书可作为高等院校室内设计、建筑装饰设计专业的教材，也可作为高职院校及培训机构的专业教材、参考用书。

版权专有　侵权必究

图书在版编目（CIP）数据

室内装饰材料与施工工艺 / 曹春雷主编.—北京：北京理工大学出版社，2019.1（2022.9重印）

ISBN 978-7-5682-6586-7

Ⅰ.①室… Ⅱ.①曹… Ⅲ.①室内装饰—建筑材料—装饰材料 ②室内装饰—工程施工 Ⅳ.①TU56②TU767

中国版本图书馆CIP数据核字（2019）第001237号

出版发行 / 北京理工大学出版社有限责任公司	
社　　址 / 北京市海淀区中关村南大街5号	
邮　　编 / 100081	
电　　话 /（010）68914775（总编室）	
（010）82562903（教材售后服务热线）	
（010）68944723（其他图书服务热线）	
网　　址 / http：//www.bitpress.com.cn	
经　　销 / 全国各地新华书店	
印　　刷 / 北京紫瑞利印刷有限公司	
开　　本 / 787毫米×1092毫米　1/16	
印　　张 / 11	责任编辑 / 江　立
字　　数 / 271千字	文案编辑 / 赵　轩
版　　次 / 2019年1月第1版　2022年9月第3次印刷	责任校对 / 周瑞红
定　　价 / 35.00元	责任印制 / 李志强

图书出现印装质量问题，请拨打售后服务热线，本社负责调换

前言 Foreword

材料与工艺是环境设计专业、室内设计专业不可缺少的两个硬件环节，在进行空间设计的过程中，设计者除了要考虑形式美的因素还要考虑所选择的材料和工艺做法。对于环境设计专业、室内设计专业的学生而言，材料和工艺是他们必须掌握的内容。

室内设计是一个专业性非常强的行业，需要掌握多门相关的专业知识。但是很多在校学生更注重对方案创作和计算机及手绘表现手法的学习，忽略了对工程实践中的装饰材料和施工工艺的学习。需要强调的是，室内设计不同于普通的艺术设计门类，它是建立在实际工程基础上的。不少刚刚进入设计公司从事室内装饰设计工作的毕业生，在刚开始工作时往往感到很困惑，觉得无从下手，造成这种困扰的多数原因并不是他们缺乏设计概念或者表达手法，更多的是缺乏实践经验，具体来说就是缺乏材料和施工方面的实践知识。

室内设计需要艺术美感，但不能将室内设计单纯地看作一种艺术门类。不建立在材料、施工基础上的室内设计只能是"无源之水"。同时，实际室内装饰工程的预算、报价以及在与客户谈合同的过程，无时无刻不考验设计师的材料和施工知识。可以毫不夸张地说,缺乏材料和施工知识的室内设计师绝对不能算是一个合格的室内设计师。

本书较全面、系统地介绍了装饰材料与施工工艺的内容,以图文并茂的方式系统生动地讲述了材料的特性及应用。本书整体内容主要围绕施工流程,分水、电、瓦、木、油几个工种展开,每个工种都会有它们所涉及的材料,这样以由工种带出材料的方式进行讲解,有利于读者更好地掌握本书内容。

本书编写过程中参考了大量的文献资料,并选用了网络上众多的材料、施工现场图片,在此表示由衷的感谢。限于编者水平,书中难免存在疏漏和错误之处,望读者批评指正。

编　者

第一章　装饰材料与施工工艺概述 / 001

第一节　装饰材料概述 / 001

第二节　装饰施工工艺流程 / 004

第三节　施工机具及操作要点 / 008

第二章　隐蔽工程 / 014

第一节　水路改造 / 014

第二节　电路改造 / 020

第三章　泥水类装饰工程 / 031

第一节　地面找平工程 / 031

第二节　砌体工程 / 037

第三节　抹灰工程 / 042

第四节　瓷砖铺贴工程 / 045

第四章　吊顶工程 / 057

第一节　石膏板吊顶施工 / 057

第二节　金属板吊顶施工 / 065

第三节　其他常见吊顶 / 069

第五章　墙面施工工程（一）/ 072

第一节　木质板材 / 072

第二节　木质墙、柱施工 / 078

第三节　轻钢龙骨轻质板隔墙施工 / 083

第四节　墙面造型施工 / 086

第六章　墙面施工工程（二）/ 091

第一节　复合板材 / 091

第二节　复合板材施工方法 / 097

第三节　装饰玻璃 / 101

第四节　墙面装饰石材 / 108

第五节　其他板材 / 115

第七章　地面施工工程 / 118

第一节　地面装饰石材 / 118

第二节　装饰木地板 / 121

第三节　装饰地毯 / 127

第四节　塑胶地板 / 129

第五节　防静电地板 / 131

第六节　装饰踢脚线 / 132

第八章　涂饰及裱糊工程 / 134

第一节　装饰乳胶漆 / 134

第二节　装饰涂料 / 141

第三节　木器漆 / 143

第四节　装饰壁纸 / 147

第九章　配套装饰工程 / 152

第一节　五金配件 / 152

第二节　装饰灯具 / 156

第三节　卫浴洁具 / 161

参考文献 / 168

第一章　装饰材料与施工工艺概述

■ **本章知识点**

本章主要介绍两部分内容：一是当前材料工艺的发展趋势；二是室内装饰常用施工工艺及机具。

■ **学习目标**

通过本章的学习，了解室内装饰的发展趋势，更好地把握行业发展方向；掌握施工机具的种类、使用特点和适用范围等。

室内装饰材料是指用于建筑物内部顶面、地面、墙面、柱面等的罩面材料。现代室内装饰材料，不仅能改善室内环境，给人以美的感受，同时还兼有绝热、防潮、防火、吸声、隔声等多种功能。

在营造室内与室外空间环境时，遵循安全坚固、美观大方、便捷舒适的设计原则，将适宜的装饰材料与正确的施工工艺方法结合起来，可以展现更好的装饰效果。装饰工程需要在人员、机具与材料三者之间的相互协调配合中完成各类装饰项目。只有了解各类材料的特性，掌握其施工工艺，才能更好地在各项工种的统筹配合下将设计与材料完美结合在一起，才能更好展现装饰制品的特性。因此，装饰材料与施工工艺之间有着密不可分的关系。

随着装饰行业的迅猛发展，人们对装饰材料的研发、生产与应用有了更严格的要求。近些年来，人们对材料环保与环境可持续发展的需求更加强烈，装饰材料与施工工艺也随之发生了一些变化。

第一节　装饰材料概述

一、装饰材料与施工的发展趋势

作为未来的设计师，我们不但要了解传统的施工方法，而且要掌握当代的材料施工工艺，同时也要关注装饰材料及装修施工的发展方向，这样才能跟上时代的步伐，适应未来的发展需要。

装饰材料与施工随着科学技术的发展而不断发展。传统的天然材料正在被人工材料所取代，施工方面也从传统的现场手工操作变为机械施工和工业化装配。其中工业化生产与现场装配将成为未来室内装饰的重要发展方向。这种方法可改善和提高装饰工程的施工精确水平，缩短施工周期，降低施工噪声，满足手工劳动所无法满足的建筑施工要求。

目前，在室内装饰工程中已出现了许多工业化装配的例子，其装配化程度也越来越高。从最早出现的轻质吊顶及铝合金门窗等项目，到现在的金刚木塑地板、铺墙板、整体厨房、整体浴室等都突破了传统的装修模式。

我国在改进装饰工程的施工技术及施工工艺方面已有了很大的进步，在研制和开发新装饰材料与施工机具方面也取得了一定的成绩。但也应看到，在进一步改进操作工艺、提高技术水平和劳动生产率、降低成本、节约原材料、加强环境保护、营造绿色室内空间等方面仍有大量的工作要做，我们应该在掌握装饰施工基础知识和技艺的基础上，努力在工程实践中积累经验并开拓新路。

随着经济的不断发展和人们物质生活水平的不断提高，现代装饰材料的发展趋势主要体现为以下六个方面：

（1）从单一功能向多功能发展。随着市场需求的不断升级，过去功能单一的装饰材料，已逐渐被多功能的材料取代。例如，过去涂料只能起涂饰保护作用，现在有些涂料除了能起到涂饰保护作用外，还具有杀虫、发光、防火等功能；有些装饰材料除了能修饰、美化墙体或天棚外，还具有隔声、吸声、防水、防火的功能；有些复合材料不仅具有独特的装饰效果，同时兼具保温隔热性、隔声性、耐磨性、防结露性等多种功能，如镀膜玻璃、中空玻璃、热反射玻璃等。

（2）向大规格、轻质量、高强度发展。现代建筑日益向框架型、超高型发展，对材料的规格、强度等都相应地提出了新的要求。室内装饰用材方面，越来越多地采用高强度纤维或聚合物与普通材料复合，在提高装饰材料强度的同时又降低了其质量。新型的铝合金型材、镁铝合金铝扣板、人造大理石、防火板等产品即其中的典型代表。

（3）向规格化、高精度方向发展。如陶瓷墙地砖，过去的幅面通常较小，但是现在多采用600 mm×600 mm、800 mm×800 mm甚至1 000 mm×1 000 mm规格的，向着规格化、高精度和易施工的方向发展。

（4）从现场制作向成品、标准安装式发展。部分装饰材料开始进入工业化生产阶段，现场直接安装即可，如橱柜、衣柜、玻璃隔断墙和各类门窗等产品目前大都采用厂家生产、现场直接安装的方式。相对来说，厂家生产出来的产品在工艺和质量上更有保证。

（5）向绿色、环保型材料发展。现代装饰材料提倡"环境生态和生态平衡"，在材料的生产和使用过程中，尽量节省资源和能源，符合可持续发展的原则。要求装饰材料不生产或不排泄污染环境、破坏生态的有害物质，减轻或防止对生态环境的负面影响。通常，装饰材料中会含有一些污染源，因此现代装饰材料的发展趋势是向无毒、无害或低毒、低排放型发展。例如，现代装饰材料中无毒害、无污染、无异味的水性环保型油漆，利用木材加工中的废料或其他植物杆加工而成的人造木质装饰板等。一些天然材料，其有毒、有害物质基本上可以忽略不计，如乳胶漆、石膏、砂石、木材、部分天然大理石和花岗石、实木地板等。同时，现代装饰也向可循环利用的绿色设计方向发展。

（6）向智能化方向发展。例如，现代公共空间设计中的消防联动智能化设计，遇到火灾时，电子烟感器、温感器会通知大楼监控中心及所属地区消防中心；同时，消防喷淋头会自动打开，消防卷帘门会自动落下，电梯会自动逼降至一层，且门会自动开启，出入口保持打开状态，形成安全通道。

二、装饰材料的主要种类

市场上装饰材料的种类繁多，按照装饰行业的习惯大致上可以分为主材和辅料两大类。主材通常指的是那些装饰中被大面积使用的材料，如木地板、墙地砖、石材、墙纸和整体橱柜、洁具、卫浴设备等。辅料可以理解为除了主材外的所有材料。辅料范围很广，既包括水泥、砂子、板材等大宗材料，也包括腻子粉、白水泥、胶粘剂、石膏粉、铁钉、螺钉、气钉等小件材料。水路改造工程中使用的水管及各类管件，配电工程中使用的电线、线管、暗盒等也可视为辅料。按照材质的种类进行划分，装饰工程中最常用的材料品种分类见表1-1。

表1-1　室内装饰材料类别一览表

类别	种类	品种举例
内墙装饰材料	墙面涂料	墙面漆、有机涂料、无机涂料
	墙纸	纸面纸基壁纸、纺织物壁纸、天然材料壁纸、塑料壁纸
	装饰板	木质装饰人造板、树脂浸渍纸高压装饰层积板、塑料装饰板、金属装饰板、矿物装饰板、陶瓷装饰壁画、穿孔装饰吸声板、植绒装饰吸声板
	墙布	玻璃纤维贴墙布、麻纤无纺墙布、化纤墙布
	石饰面板	天然大理石饰面板、天然花岗石饰面板、人造大理石饰面板、水磨石饰面板
	墙面砖	陶瓷釉面砖、陶瓷墙面砖、陶瓷马赛克、玻璃马赛克
地面装饰材料	地面装饰材料	地板漆、水性地面涂料、乳液型地面涂料、溶剂型地面涂料
	木、竹地板	实木条状地板、实木拼花地板、实木复合地板、人造板地板、复合强化地板、薄木敷贴地板、立木拼花地板、集成地板、竹质条状地板、竹质拼花地板
	聚合物地坪	聚醋酸乙烯地坪、环氧地坪、聚酯地坪、聚氨酯地坪
	地面砖	水泥花阶砖、水磨石预制地砖、陶瓷地面砖、马赛克地砖、现浇水磨石地面
	塑胶地板	印花压花塑胶地板、碎粒花纹地板、发泡塑胶地板、塑胶地面卷材
	地毯	纯毛地毯、混纺地毯、合成纤维地毯、塑胶地毯、植物纤维地毯
吊顶装饰材料	塑料吊顶板	钙塑装饰吊顶板、PS装饰板、玻璃钢吊顶板、有机玻璃板
	木质装饰板	木丝板、软质穿孔吸声纤维板、硬质穿孔吸声纤维板、珍珠岩吸声板、矿棉吸声板、玻璃棉吸声板
	石膏装饰板	石膏吸声板、矿物吸声板
	金属吊顶板	铝合金吊顶板、金属微穿孔吸声吊顶板、金属箔贴面吊顶板

按材质分类有塑料、金属、陶瓷、玻璃、木材、无机矿物、涂料、纺织品、石材等。
按功能分类有吸声装饰材料、隔热装饰材料、防水装饰材料、防潮装饰材料、防火装饰材料、防霉装饰材料、耐酸碱装饰材料、耐污染装饰材料等。
按装饰部位分类则有墙面装饰材料、天棚装饰材料、地面装饰材料。

三、装饰材料的性能

（一）装饰性能

装饰材料的最大作用就是装饰环境，通过材料的质感、色彩以及线条等元素构成空间主要形态。材料通过色彩与质感的运用可以展现空间的某种意境，弥补空间不足，满足人们对环境的需求。

（二）保护性能

装饰材料的使用，使装饰界面的外部形成一层保护膜，对装饰界面起到保护作用，使之不受外界阳光、水分、氧气与酸性环境的影响，达到防潮、保温、隔热的效果。

（三）调节环境性能

装饰材料具有很好的调节环境的功能。例如，对于室内空间来说，装饰材料中的木材可以调节室内湿度；装饰材料中的石膏制品具有吸声的作用。

（四）使用性能

对室内外空间中众多界面的装饰，使空间有了具体的使用功能；对墙面、地面、顶面的装饰，使人们可以在空间中生活、学习、工作、娱乐。这些都令材料的使用性能得到最好的体现。

（五）美学性能

对各种装饰材料的应用，以及色彩美学的运用和材料特性的掌握，可以充分发挥装饰材料的美学性能，使材料在众多特殊场合起到装饰空间、美化空间的作用。

四、学习装饰施工工艺的方法与步骤

室内装饰施工包含了建筑物几乎所有表面的装饰任务，也可以说是对建筑物的顶、地、墙各表面的重新"梳理"。在学习本课程时，可以从了解材料入手，一般将材料分为基础材料、常用材料和饰面材料，虽然材料发展变化很快，但基本材料变化并不大，因此，对常用材料的知识必须掌握。此外还要了解饰面材料。在掌握材料知识的基础上，根据建筑物各界面的特点，学习并掌握相关施工工艺。通过本课程的学习，掌握工具的使用方法，了解装饰施工工艺的一般流程，从而掌握整个装饰施工工艺的方法与步骤。

第二节 装饰施工工艺流程

装饰施工工艺流程对施工的顺利进行和装饰的整体质量将产生很大的影响，甚至可以说，装饰施工工艺流程的制定和执行是反映施工水平的一杆标尺。施工中的不少质量问题就是因为没有严格遵照标准的施工工艺流程而产生的，比如电位尚未确定，墙面瓷砖却已经铺设完成；门锁已经安装，但门扇还没有喷油漆等。此类问题的产生很多是因为施工流程的错乱而导致的。所以掌握相应的装饰施工工艺流程对于装饰工程而言也是非常重要的。

装饰施工工艺流程在不同的工程上可能会有一些调整，但最重要的是各个工种的协调。有时工程较急，甚至需要几个工种同时开工，这时协调就显得尤为重要。通常，按照施工习惯，施工步骤大致可以分为以下几步。

一、墙体改造

针对墙体的改造主要是对户型进行调整。不少业主对原有户型不满意，所以在设计时会对原有墙体进行拆除并根据自身需要重新布局。墙体改造工序主要就是依照新设计的平面布置图进行拆墙和砌墙的施工。

墙体改造施工工序中需要注意的环节主要有如下几项：

（1）只有隔断墙才能拆除，不能破坏承重墙。

（2）拆除墙体的施工产生的噪声非常大，因而只能选择在非节假日和非午休时间进行，以免对邻居造成干扰而产生纠纷。

（3）在一些私密空间，新砌的隔断墙如果采用的是龙骨加石膏板，那么必须在中间夹上吸声棉，以提高隔断墙的隔声能力。

二、隐蔽工程

隐蔽工程指的是在装修工程施工期间将构件材料或装饰配件埋于表面物体之下后外表看不见的施工工程。在毛坯房装饰过程中主要就是水电工程的施工。水电改造主要包括四个项目：水路改造、电路改造、供暖改造和煤气管道改造。

水电改造施工工序中需要注意的环节主要有以下几项：

（1）水电工程从材料到施工的质量都需要严格控制。一是因为目前水电改造大多数采用暗装的方式，一旦出现问题，维修极不方便；二是水电工程一旦出现问题，不但会造成金钱损失，还可能造成极大的安全隐患。

（2）电位的数量要仔细询问业主，根据业主的实际需求设定。原则上是"宁多毋少"。多一两个可能显得不太美观，但若少了就会对日常的生活造成不便。

（3）目前，不少家庭关于橱柜的选择一般都采用厂家定做的方式，因而在水电改造的同时需要联系橱柜厂家进行实地测量和设计，根据橱柜的设计确定插座、开关的数量和位置以及水槽的大小和位置。这样才能保证厨房水电改造的顺利进行。

水电改造是一个非常复杂的工序，这里只简单地介绍一下工序要求，具体内容会在后面的章节中详细介绍。

三、泥水工程

泥水工程是指对室内的墙地面进行找平、贴瓷砖、做防水、装地漏等处理的施工工程。贴瓷砖必须在水电改造基本完成后（安装开关、插座面板之前）进行。泥水工程施工工序中需要注意如下环节：

（1）装饰工程中的防水工程大多数也是由泥水工人完成，因而也可以将防水工程归入这个工序，如图1-1、图1-2所示。做防水需要特别注意：在一些用水较多的空间，如卫生间、生活阳台等处，绝对不能省略防水处理，也不能漏刷少刷防水涂料，漏刷少刷任何一处都有可能导致将来发生渗漏，一旦渗漏不仅对自己的室内造成损害，而且还会给他人带来麻烦。

图1-1　墙地面防水涂刷过程

图1-2　防水涂刷完工

（2）在泥水工程施工的同时，可以请空调商家派人先将空调孔打好。打空调孔时粉尘极多，所以应该尽量在泥水施工的同时或油漆工程完工之前进行。

四、木工工程

木工工程也是各种施工工序中施工时间较长的一个，涉及的材料和配件也比较多。木工的工作包括柜体的制作、室内吊顶的施工、门及门套的制作、背景墙的制作等。木工工程施工工序中需要注意如下环节：

（1）随着成品家具和用品的盛行，人们大多购买成品家具和用品（如成品衣柜、书柜、橱柜和门等），所以目前木工的工作量相比以前有很大幅度的减少。相对而言，现场制作家具的质量好坏跟木工的手工艺水平有很大的关系，如果工人的手工艺水平不够，现场制作家具的质量就很难保证。成品家具是工厂标准化生产的产品，在工艺和质量上相对于现场制作的家具更有保证，如图1-3所示。

（2）木地板的施工通常也是由木工来完成，木地板的安装最好安排在油漆工程之后进行，这样可以避免木地板经常被踩和沾染上油渍。现在很多商家在销售木地板的同时也提供木地板的安装服务，如图1-4所示。

五、油漆工程

油漆工程通常包括木制品油漆、墙面乳胶漆及其他各类特种涂料的施工，如图1-5所示。油漆工程施工工序中需要注意如下环节：

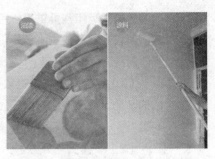

图1-3　现场制作完工的家具　　　　图1-4　实木地板安装　　　　图1-5　油漆工程

（1）在油漆工程施工时，需要暂停那些会产生粉尘的施工，给油漆施工营造一个相对干净、无尘的环境，这样才能确保油漆工程的施工质量。

（2）墙面乳胶漆的施工必须是一底两面，即刷一遍底漆、刷两遍面漆。不少施工省略掉了刷底漆，这样可能会造成面漆吸附不牢和易碱化的后果。

（3）墙面乳胶漆施工中，刷最后一遍面漆最好安排在安装开关插座、铺地板之类的安装工程之后，这些安装工程难免会对墙面造成一定的污损，所以在这些安装工程之后刷最后一遍面漆可以在一定程度上避免墙面污损的问题。

六、安装工程

安装工程指的是各种材料和制品的安装，包括开关插座的安装、厨卫铝扣板吊顶的安装、橱柜的安装、卫浴产品及配件的安装、暖气的安装、门锁的安装、灯具的安装等。安装工程施工工序中需要注意如下环节：

（1）厨卫空间的吊顶多采用铝扣板吊顶，铝扣板吊顶的安装可以由销售铝扣板的商家负责，这样出现问题责任易明确。如果由装饰公司安装，出了问题很难说清楚是材料的问题还是安装的问题。在安装铝扣板吊顶时还需要考虑浴霸和厨卫灯具的安装，要协调好铝扣板吊顶和浴霸安装的时间，两者最好同步进行。

（2）橱柜也是由厂家负责提供和安装，需要注意的是，要提前买好水槽、抽油烟机、炉灶、微波炉、消毒柜等设备，与橱柜一起安装。目前非常流行整体式橱柜，甚至连冰箱等设备都可以整合在橱柜里，所以在橱柜设计、定做之前就必须把相关电器、用具的安装需要及尺寸确定下来，如图1-6所示。

图1-6　橱柜安装

七、工程验收

工程验收需要按照《建筑装饰装修工程质量验收标准》（GB 50210—2018）进行，验收后按照装修的实际工程量结算费用。施工过程中有时难免需要根据业主和实际的需要进行一些工程的增减，所以需要和业主协调好。在装修完毕家具进场前进行全面的环境质量检测是非常必要的。工程验收需要注意如下环节：

（1）在家具进场前必须进行一次环境质量的检测，否则家具进场后就难以确定是由于家具造成的环境污染还是装修造成的环境污染。毕竟目前市面上不少的成品家具本身在环保上就存在很多问题。

（2）装修完毕及家具入场后不要立即入住，必须保证室内在通风透气的基础上空置一段时间，最好是一个月，让房子"换换气，排排毒"。通风透气一段时间可以大量减少室内环境的污染。

（3）室内多放一些阔叶类植物，有些植物不仅能够美化环境，还具有吸收有毒有害物质的功能，拥有一盆这样的植物就相当于拥有了一台小型的空气净化器。

第三节　施工机具及操作要点

建筑装修施工机具一般为人工易搬动的小型机具，多为手提式，按功能可分为钻孔型、切割型、磨光型、刨削型和紧固型等。根据动力不同也可分为多种形式，有微型电动机驱动的旋转型机具，也有以空气压缩机为动力的气动工具。

一、钻孔型机具

（一）手电钻

手电钻是常用于对金属板材、铝合金板材、塑料等材料或工件进行钻孔的电动机具。其特点是体积小、重量轻、工效高、操作简便快捷。手电钻由电动机、机械传动装置、外壳、钻夹头等部件组成。钻头装于钻夹头或圆锥套内。为适应不同钻削特性，有单速、双速、四速和无级变速等电钻，如图1-7所示。

（二）电动冲击钻

电动冲击钻是可调节式、旋转带冲击的特种电钻。当把旋钮调至纯旋转位置，安装钻头后，可像普通电钻一样对钢制品进行钻孔。如把旋钮调至冲击位置，并安装镶硬质合金的冲击钻头，便可对砖墙及混凝土墙进行钻孔。其广泛用于装修中的各项安装工程，如图1-8所示。

（三）电锤

电锤也称冲击电钻，其工作原理同电动冲击钻，使用硬质合金钻头，可在砖墙、混凝土墙上钻孔，钻头旋转兼冲击。电锤的振动力较大，操作时要用手握紧钻把，使钻头与地面、墙面垂直，并要时常拉出钻头排屑，以防钻头扭断或崩坏。它广泛应用于铝合金门窗、轻钢龙骨吊顶和饰面石材安装等工程中的膨胀螺栓安装、木楔安装，如图1-9所示。

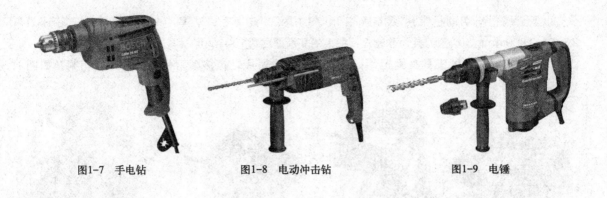

图1-7 手电钻　　　　图1-8 电动冲击钻　　　　图1-9 电锤

二、切割型机具

（一）电动圆锯

电动圆锯是木工工程中不可缺少的电动机具，用于切割各种木板、木方、面板等。常用的规格有7 in[①]、8 in、9 in、10 in、12 in、14 in几种。其中9 in圆锯的功率为1 750 W，转速为4 000 r/min，12 in的功率为1 900 W，转速为3 200 r/min。

使用时，双手握稳电锯，开动手柄上的电钮开关，让其空转至正常速度，再对木料进行锯切。在施工中，可将电动圆锯反装在木制工作台面下，使圆锯片从工作台面的开槽处伸出台面，以便切割木板和木方，如图1-10所示。

（二）电动线锯机

电动线锯机也属木工电动机具，其齿形切削刀刃向上，工作时上下往复运动，冲程长度26 mm，冲程速度每分钟0～3 200次，功率350 W左右，锯条规格有60 mm×8 mm、80 mm×8 mm、100 mm×8 mm三种，锯齿也分粗、中、细三种，最大锯切厚度为50 mm。

电动线锯机可做直线或曲线锯割，可在木板中开孔、开槽，其导板可做一定角度的倾斜，便于在工件上锯出斜面。操作时要双手按稳机器，匀速前进，不能左右晃动，否则锯条会折断，如图1-11所示。

（三）手提式电动石材切割机

手提式电动石材切割机用于地面、墙面石材、瓷砖等板材的切割。其功率为850 W，转速为1 100 r/min。手提式电动石材切割机的切割片有干型和湿型两种，湿型刀片切割时需用水作冷却液，干型刀片可直接切割使用，无须冷却液。在切割石材前，先将小塑料软管接在切割机的给水口上，切割时用手握住机柄，通水后再按下开关，并均匀推进切割机，如图1-12所示。

（四）小型金属材料切割机

小型金属材料切割机是一种高效率的电动工具。它根据砂轮磨削原理，利用高速旋转的薄片来切割各种金属型材料。该机在装修过程中常用来切割铝合金型材、不锈钢钢管、轻钢龙骨、钢筋、角钢、水管等。它具有切割速度快、生产效率高、切断面平整、垂直度好等特点。

---

① 1 in=2.54 cm。

小型金属材料切割机常用规格有12 in、14 in、16 in等，功率为1 450 W左右，转速为2 300～3 800 r/min，切割刀具为砂轮片，最大的切断厚度为100 mm。

使用时用锯板上的夹具夹紧工件，按下手柄使砂轮片轻轻接触工件，进行匀速切割，如图1-13所示。

图1-10　电动圆锯　　图1-11　电动线锯机　　图1-12　手提式电动石材切割机　　图1-13　小型金属材料切割机

工具、机具使用的寿命取决于使用维护及保养程度，因此要使工具更好地发挥作用，就必须对工具、机具进行经常性的保养和维护。小型电动类工具要经常检查和更换碳刷，对转轴、轴承要常加机油、更换润滑油。在使用过程中，不可长时间不间断工作，应注意给钻头和锯片降温。

三、磨光型机具

（一）手提式磨石机

手提式磨石机是一种用来加工石材的电动工具，主要用于磨光花岗石、大理石和人造石材表面或侧边。该机器净重5.2 kg，便于手提操作，功率为1 000 W，转速为4 200 r/min，磨砂轮尺寸为125 mm，如图1-14所示。

（二）手提式电动砂轮机

手提式电动砂轮机主要是用来打磨金属工件的边角，常用规格有5 in、6 in、7 in等，功率为500～1 000 W，转速为1 000 r/min左右。

操作时，双手平握住机身，再按下开关，以砂轮片的侧边轻触工件，并平稳地向前移动，磨到工件尽头时应提起机身，不可在工件上来回推磨，否则会损坏砂轮片。该机转速快、振动大，操作时应特别注意安全，如图1-15所示。

图1-14　手提式磨石机　　　　　　图1-15　手提式电动砂轮机

（三）砂纸机

砂纸机也属于电动磨光型机具，它主要是代替人工用砂纸对部件进行打磨。砂纸机底座有不同的规格，一般宽度为90～135 mm，长度为186～226 mm；砂纸机质量为1.6～2.8 kg。

四、刨削型机具

（一）手提式电动刨

手提式电动刨是木工电动工具，类似倒置小型平刨机。刀轴上装两把刀片，转速为16 000 r/min，功率为580 W左右，刨削宽度为60～90 mm。电刨上部的调节旋钮可调节刨削量。

操作时，双手前后握刨。推刨时平稳地匀速向前移动，刨到工件尽头时应将刨身提起，以免损坏刨好的工件表面。电动刨的底板经改装还可以加工出一定的凹凸弧面。刨刀片磨钝时，可卸下来重磨刀刃，如图1-16所示。

图1-16　手提式电动刨

（二）木工修边机

木工修边机可用于对木材的侧边或接口处进行修边、整形，功率为500 W左右，转速为27 000 r/min，最大加工厚度为25 mm，如图1-17所示。

在使用电动工具过程中，要经常检查电器元器件，防止电器短路和漏电而引起人身伤害事故的发生。根据机具功率大小选择使用的场合，要经常性地对工具、机具进行保养、检查和维护，以确保工具、机具能够正常运转，最大限度地提高工作效率。

图1-17　木工修边机

五、紧固型机具

（一）射钉枪

射钉枪是利用射钉弹内火药燃烧释放出的能量，将射钉直接射入钢铁、混凝土或砖结构的基体的工具，如图1-18所示。

因射钉枪需与射钉配套使用，而各厂家生产的射钉规格各异，使用时应根据说明书操作。射钉主要有普通射钉、螺纹射钉、带孔钉三种。

（二）打钉枪

打钉枪用于在木龙骨上钉胶合板、纤维板、刨花板、石膏板等板材和各种装饰木线条。它配有各种专用枪钉，常用枪钉规格有10 mm、15 mm、20 mm、25 mm四种。

打钉枪有电动打钉枪和气动打钉枪两种。电动打钉枪插入220 V电源插座即可直接使用。气动打钉枪要与空气压缩机连接，使用最低压力为0.3 MPa，操作时用钉枪嘴压在要钉接的位置再按开关，如图1-19所示。

（三）电动螺钉钻

电动螺钉钻是上自攻螺钉的专用机具，用于轻钢龙骨或铝合金龙骨的饰面板安装，以及铝合金门窗和隔断的安装。其功率为200～300 W，转速为1 200 r/min，如图1-20所示。

图1-18　射钉枪　　　　　图1-19　打钉枪　　　　　图1-20　电动螺钉钻

六、气动型机具

（一）空气压缩机

空气压缩机也称喷泵，用于喷油漆和涂料。空气压缩机是利用压缩空气在喷嘴处形成负压，将油漆、涂料从储漆罐中带出，再用压缩空气将油漆、涂料吹成雾状，喷在被涂物表面，要求压力为0.5～0.8 MPa，并可自动调压，电动机功率为215 kW，如图1-21所示。

（二）喷漆枪

喷漆枪是对钢制件或木制件的表面进行喷漆的工具。其施工速度快，节省漆料，漆层厚度均匀，附着力强，被漆物体表面光洁。

图1-21　空气压缩机

（1）小型喷漆枪。小型喷漆枪在使用时一般用人工充气，也可用机械充气。人工充气是将空气压入储气筒内，供面积不大、数量较少的产品使用。储气筒的外形为圆柱体，用薄钢板制成，直径为200 mm，高约为460 mm，是一个密封容器。在筒的中间设有充气泵，其结构与自行车充气泵相似，只是在排气部分多设一个阀，阀口与输气胶管连接。充气前须将放气阀关紧，当用手柄抽压50余次后，筒内的气体气压为24.52～29.42 kPa；旋开放气阀后，即可使用。

小型喷漆枪由储漆罐和喷射器两部分组成。储漆罐每次可约盛0.5 kg漆料。喷射器前端有两个喷嘴：一个是空气喷射嘴；一个是漆料喷射嘴。空气喷射嘴与手柄连接，漆料喷射嘴装在储漆罐的盖上，与通入罐内的金属管相接。两个喷嘴直角相交。为便于消除残漆及调节两喷嘴之间的距离，两喷嘴可调节与拆卸。手柄前面设有放气阀扳手，使用时只要扣动扳手，空气即从喷气嘴向漆料喷嘴的侧面口喷射，造成口缘部分的负压，储漆罐内的漆料即被气压力压进漆料上升管而涌向喷嘴的口缘，并被空气吹散成雾状，射向被漆物体的表面，如图1-22所示。

（2）大型喷漆枪。大型喷漆枪的内部构造比小型喷漆枪复杂，它要用

图1-22　小型喷漆枪

空气压缩机里的空气压力作为喷射的动力。它由储漆罐、握手柄、喷射器、罐盖与漆料上升管组成。盖上设有弓形扣一只及三翼形的紧定螺母一只。借助三翼形紧定螺母的左转，将弓形扣顶向上方，于是弓形扣的缺口部分将储漆罐两侧的铜桩头拉紧，使喷枪在储漆罐上盖紧。使用时，用中指和食指扣紧扳手，压缩空气就可以从进气管经由进气阀进入喷射器头部的气室中，控制喷漆输出量的顶针也随着扳手后退，气室的压缩空气流经喷嘴，使喷嘴部分形成负压，储漆罐内的漆料就被大气压力压进漆料上升管而涌向喷嘴，在喷嘴出口处遇到压缩空气，即被吹成雾状，漆雾一出喷嘴，又遇到喷嘴两侧另一气室中喷出的空气，粒度变得更细，如图1-23所示。

图1-23 大型喷漆枪

七、测量类机具

（1）激光测距仪是利用调制激光的某个参数对目标的距离进行准确测定的仪器。脉冲式激光测距仪是在工作时向目标射出一束或一序列短暂的脉冲激光束，由光电元件接收目标反射的激光束，计时器测定激光束从发射到接收的时间，计算出从测距仪到目标的距离。

当发射的激光束功率足够时，测程可达40 km甚至更远，激光测距仪可昼夜作业，但空间中有对激光吸收率较高的物质时，其测量的距离和精度会下降，如图1-24所示。

图1-24 激光测距仪

（2）激光标线仪会利用半导体激光器扩束出一条高亮度的激光线，线的颜色有多种，主要以绿色、红色为主。在使用时通过激光线投射在物体上而产生一条标线，使用者可根据该标线对物体进行切割、对齐或其他操作。激光标线仪广泛应用在冶金钢板切割、石材切割、木材切割等领域，减少了工人的劳动强度，提高了工作效率和剪切精度。

激光标线仪的使用范围如下：

①钢铁冶金行业：为钢板切边提供高亮度准直线，对冷热钢板的单边剪切和双边剪切起到关键作用，避免了人工划线工作。

②木材、纸张加工行业：在预切木材前提供准直指示线。

③大理石加工行业：大理石强度高，在切割过程中指示线不明确会切割不齐，且刀具冷却液会覆盖人工标示线，采用激光标示线有效避免了这个缺点。激光标线仪如图1-25所示。

图1-25 激光标线仪

课后思考

1. 简述我国室内装饰的发展趋势。
2. 谈谈使用电动砂轮机的要点。
3. 电锤与电动冲击钻有何不同？
4. 谈谈电动机具的维护方法。

第二章 隐蔽工程

■ **本章知识点**

本章主要介绍水电工程装饰材料的属性和性能,水路改造、电路改造的施工步骤及施工要点。

■ **学习目标**

通过本章的学习,了解隐蔽工程的内容、特点,掌握水路、电路改造的材料和施工工序。

隐蔽工程是指在工程竣工后,不可见的工程部位。在室内装修中主要分为水路部分和电路部分。水路部分包括供水、供热管线规划、覆盖、掩盖的工程。墙面插座布局、开关位置确定、天棚照明布线等都是电路部分工程。

做室内装修,隐蔽工程是关键,如果隐蔽工程没有做好,表面装饰得再漂亮,也是徒劳。隐蔽工程包含了水安装、电安装及防潮、防水等项目。其中的每一个项目都不容忽视,无论哪一个环节出了问题,都可能带来严重的经济损失,甚至会给人带来伤害。

第一节 水路改造

一、水路改造的概念

在装修过程中往往会有毛坯房的上下水管线位置与方案设计的管线位置不相符、不美观的情况出现,那么就要进行水路改造了。有的需要改变上下水管线位置,有的需要明管改暗管。为了美观和节省空间,依据各家的人口和用水习惯,创造一个个性化的用水环境即水路改造。

二、水路改造的常用材料

（一）PPR热熔管

PPR热熔管全名为无规共聚聚丙烯管。PPR管的接口采用热熔技术，管与管完全融合到一起，所以一旦安装打压测试通过，不会再漏水，可靠度极高。《冷热水用聚丙烯管道系统》（GB/T 18742—2017）规定：PPR管道外径有20、25、32、40、50、63、75、90、110、160（mm）10种规格，一般家装使用20 mm、25 mm、32 mm三种规格即可满足需求。其适用范围：冷水管、热水管、纯净水管道。PPR热熔管如图2-1所示。

图2-1　PPR热熔管

PPR热熔管的安装步骤，如表2-1所示。

表2-1　PPR热熔管的安装步骤

切断管材：切断管材时，必须使用切管器垂直切断，如果因没有切管器而使用其他工具切断管材时，切断后应将切头清除干净，保证切面整齐	加热管材和管件：当管熔接器加热到260 ℃时，管材和管件同时推进熔接器内，并加热5 s以上	连接管材和管件：把已加热的管材和管件垂直推进并维持5 s以上。推进时用力不要过猛，以防止管头弯曲

（1）热熔接时，管材和管件黏附其他异物时，必须清除干净后再熔接。

（2）管材和管件用双手推进熔接器模具内，坚持5 s以上。

（3）管材和管件过度加热时，厚度变薄，管材在管配件内变形，会发生漏水现象，因此严禁过度加热。

鉴别PPR管材质量的技巧如下：

（1）看管材：管材的内外表面应该光滑、平整，无凹陷、气泡等表面缺陷，这样才能保证水流畅通、不积垢。

（2）看管件：质量好的品牌除了保证产品品质外，尤为关注细节，消费者选购时可以注意管件弯头是否采用大弧度弯位设计以减少水锤形成，是否有45°倒角设计以方便熔接。

（3）闻味道：选购管材时，可以拿来相同品牌的管件（必须挑一整包未开封的管件），撕开塑料袋闻一闻，如有轻微刺鼻气味，不能买。因为真正的PPR管材、管件原材料——聚丙烯是无毒无味的；而质量一般的管材管件会选用聚丙烯回收下脚料，甚至掺入聚乙烯和滑石粉，这样的产品质量较差。

（二）PVC管

PVC是聚氯乙烯材料的简称，是以聚氯乙烯树脂为主要原料，加入适量的抗老化剂、改性剂等，经混炼、压延、真空吸塑等工艺制作而成的材料。PVC材料具有轻质、隔热、保温、防潮、阻燃、施工简便等特点。PVC管外径尺寸有50、75、110、160、200（mm）等规格，长4 m或6 m。其适用范围：以下水管为主，如洗手盆下水管、坐便器下水管、地漏等。缺点是过脆、怕冻。PVC管如图2-2所示。

图2-2 PVC管

PVC管的安装步骤如下：

（1）备料：检查管材、管件质量，准备施工工具。

（2）清面：清理工作面，用棉纱或干布将承口内侧和插口外侧擦拭干净。

（3）试插：粘接前将两管试插一次，在插入端表面画出插入承口深度的标线。

（4）涂刷：涂刷胶粘剂，用毛刷将胶粘剂迅速涂刷在插口外侧及承口内侧结合面上，先涂承口，后涂插口，轴向涂刷，涂刷均匀适量。

（5）粘接：承插口涂刷胶粘剂后，立即找正方向将管端插入承口，用力挤压，使管端插入的深度至所画标线，并保证承插接口的直度和接口位置正确。

（6）养护：承插接口连接完毕后，及时将挤出的胶粘剂擦拭干净。粘接后，不得立即对结合部位强行加载，须静置固化。

（三）铝塑管

铝塑管是一种由中间纵焊铝合金，内外层包聚乙烯塑料以及层与层之间热熔胶共挤复合而成的新型管道。聚乙烯是一种无毒、无异味的塑料，具有良好的耐撞击、耐腐蚀性能。中间层纵焊铝合金使管子具有金属的耐压强度、耐冲击能力，使管子易弯曲不反弹。铝塑复合管拥有金属管的坚固耐压和塑料管的抗酸碱、耐腐蚀的特点，是新一代管材的典范。铝塑管是市面上较为流行的一种管材，目前市场比较有名的有日丰、金德和美丰，由于其质轻、耐用而且施工方便，以及可弯曲，更适合在家装中使用。铝塑管如图2-3所示。

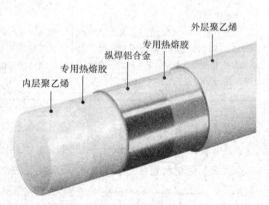

图2-3 铝塑管

铝塑管内外层均为特殊聚乙烯材料，清洁无毒，平滑，可使用50年以上。中间铝层可100%隔绝气体渗透，并使管子同时具有金属和塑胶管的优点，且无其缺点。

鉴别铝塑管材质量的技巧如下：

（1）撞击法：随机选择一段铝塑管，用比较坚硬的东西进行撞击，管面会出现变形，如果变形至破裂，则为劣质；变形面不能恢复，则为一般质地；变形之后可马上恢复至原形，则为优质铝塑管。

（2）目测法：优质铝塑管色泽、喷码均匀，没有色差，圆度小于0.1 mm；中间铝层接口严密，没有粗糙痕迹；内外表面光洁、平滑，不能有明显的划痕、凹陷、气泡、死料、汇流线。

（3）触摸法：取一段铝塑管垂直切断，用手指伸进管内，优质管管口光滑，没有纹路，没有毛边。

（4）对比法：

①原料对比。目前，国内市场优质铝塑管的PE材料都来自国外，如美国、韩国，如果原料来自回收材料则无法保证质量。

②实物对比。取不同品牌的铝塑管从以上几个方面逐一对比，择优选用。

（四）生料带

生料带是水管安装中常用的一种辅助用品，用于管件连接处，增强管道连接处的密闭性，如图2-4所示。

图2-4　生料带

三、水路改造的原则

水路改造在保证安全、科学及实用的前提下，施工时应遵循主水路不动、走顶不走地、走竖不走横三个原则。

（1）主水路不动：楼体配套主水路尽量不要破坏。

（2）走顶不走地：如果水路从地面走则需在地面上开槽，而且管路又承受水泥及地面材料的重量，容易产生破裂。从吊顶上走便于维修。

（3）走竖不走横：垂直管道水流通畅，横向管道由于水平问题可能会增加水流阻力，而且横向暗装管道时对施工要求较高。

四、水路施工的步骤

（1）画线：根据设计图纸在墙面或地面画出走线的准确位置，如图2-5所示。

（2）开槽：凿开穿管所需孔洞和暗槽，如图2-6所示。

（3）下料：根据设计图纸为PPR和PVC排水管量尺下料。

（4）预埋：管路支托架安装和预埋件的预埋。

（5）预装：组织各种配件预装。

（6）检查：检查调整管线的位置、接口、配件等是否安装正确。

（7）安装：经过热熔、胶接正式安装，如图2-7所示。

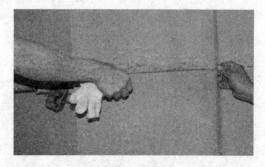

图2-5　画线

(8)调试:给水试压、安装调整,如图2-8所示。

(9)修补:修补孔洞和暗槽,与墙地面保持一致。

(10)备案:完成水路布线图,备案以便业主日后维修使用,如图2-9所示。

图2-6 开槽

图2-7 安装

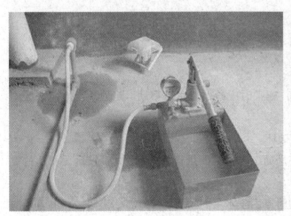

图2-8 调试

图2-9 完成

五、水路施工的注意事项

(1)一般水改走顶不走地,各冷、热水出水口必须水平,一般左热右凉,管路铺设需横平竖直。布局走向要安全合理。管卡位置及管道坡度等均应符合规范要求。各类阀门安装应位置正确且平正,便于使用和维修。

(2)进水应设有室内总阀,安装前必须检查水管及连接配件是否有破损、砂眼、裂纹等现象。

(3)水表安装位置应方便读数,水表、阀门离墙面的距离要适当,要方便使用和维修。

(4)厨房内加装软水机、净水机、小厨宝等应考虑预先留好上、下水的位置及电源位置。

(5)冷、热水管均为入墙做法,开槽时需检查槽的深度,冷热水管不能同槽。

(6)淋浴混水阀的左右位置正确,且装在浴缸中间(先确定浴缸尺寸),高度为浴缸上中150~200mm,按摩浴缸根据型号进行出水口预留。混水阀孔距一般保持在(暗装)150mm,(明装）100 mm，连杆式淋浴器要根据房高和业主个人需要来确定出水口位置。

（7）坐便器的进出水口尽量安置在能被坐便器挡住的地方。连体坐便器要根据型号来确定出水口的位置，一般要留在马桶下水口正中左方200 mm处。

（8）电热水器一般需固定在承重墙上，如情况特殊，固定在非承重墙上要做固定支架，且顶层要有足够位置做固定支架，需提前与热水器厂家进行沟通，以便确定热水器出水口的位置。

（9）安装热水器进出水口时，进水的阀门和进气的阀门一定要安装在相应的位置。

（10）安装厨、卫管道时，管道在出墙的尺寸应考虑到墙砖贴好后的最终尺寸，即预先考虑墙砖的厚度。

（11）设计水管时应考虑洗衣机的用水龙头安装位置和下水的布置。同时注意电源插座的位置是否合适。厨房橱柜内放滚筒洗衣机一定要确定好洗衣机和橱柜的尺寸，以便留好上下水的位置。

（12）墙体内、地面下尽可能少用或不用连接配件，以减少渗漏隐患点。连接配件的安装要保证牢固、无渗漏。

（13）墙面上给水预留口（弯头）的高度要适当，既要方便维修，又要尽可能少让软管暴露在外，并且不另加接软管，给人以简洁、美观的视觉感受。对下方没有柜子的立柱盆一类的洁具，预留口高度一般应设在地面上500～600 mm。立柱盆下水口应设置在立柱底部中心或立柱背后，尽可能用立柱遮挡。壁挂式洗脸盆（无立柱、无柜子）的排水管一定要采用从墙面引出弯头的横排方式设置（下水管入墙）。

（14）水改后出水口与洁具、热水器等连接，建议加装三角阀。

（15）水路改造完毕要做管道压力实验，实验压力不应小于0.9 MPa，时间为20～30分钟。

六、水路改造施工验收

水路改造施工验收的重点：一是管路排布是否合理；二是做打压试验。

（一）管路排布验收重点

管路排布应遵循沿墙面横平竖直、走顶不走地和顶面走最近距离三大原则：

（1）沿墙面横平竖直是为了将来维护时容易判断管路走向，避免打孔时误打而破坏管道，但要注意横向开槽不要超过0.3 m，避免破坏墙体抗震强度。

（2）走顶不走地指的是在卫生间和厨房布管，遇到需要跨墙的情况时，要从顶面而不能从地面走管，以方便将来检修，如果是跨房间则可以从地面走管。

（3）顶面走最近距离指的是从天棚走管时不必遵循横平竖直的原则，在不妨碍其他管路的前提下，只需按两点间最近的直线距离走管即可，以节约费用。

（二）打压试验重点

（1）除一处出水口接入打压机之外，需封闭其他出水口，并关闭总进水阀门；加压直到压力表的指针指向0.9～1.0 MPa，也就是正常水压的3倍，保持15分钟以上。

（2）试压期间要逐个检查接头、内丝接头、堵头，确保它们都不渗水，在规定的时间内表针没有丝毫的下降或者下降幅度小于0.1 MPa即说明水管管路安装合格。

第二节 电路改造

一、电路改造的概念

随着人们生活水平的提高,各种家用、办公电器的品种越来越多,发展出智能化家居系统,这对电气线路的要求也越来越高。而且目前多采用暗装的方式,电气线路是埋在墙体内的隐蔽线,电路一旦出了问题,不光维修起来麻烦,还会带来安全隐患。电路改造必须遵循安全、方便、经济的原则。工程完工后,要进行漏电开关检测。电路改造完毕后必须给出完整的电路图,以便日后维修。电路改造工程是装修隐蔽工程中最为重要的工程,如稍有差错,轻则出现用电短路,重则酿成火灾,直接威胁人身、财产安全。

二、电路改造常用的材料

(一)镀锌管

镀锌管,又称镀锌钢管,分热镀锌钢管和电镀锌钢管两种,热镀锌钢管镀锌层厚,具有镀层均匀,附着力强,使用寿命长等优点。电镀锌钢管成本低,表面不是很光滑,其本身的耐腐蚀性较热镀锌钢管相差很多。镀锌主要是为了绝缘并防止生锈。有的住宅楼电源线采用阻燃塑料管保护,而电话和有线电视采用镀锌管可起屏蔽信号干扰作用。电话和有线电视传输线的金属保护管不必设置跨接线,因丝口连接或套筒连接的镀锌管已能达到屏蔽要求,如图2-10所示。

选购镀锌管时,要注意管子不应有折扁和裂缝,管内应无毛刺,管外径及壁厚应符合相关的国家标准,若管绞丝时出现烂牙或管出现脆断现象时,表明质量不符合要求。其规格尺寸:长度为4 m,ϕ16 mm~ϕ20 mm。

镀锌管的安装如图2-11所示。

图2-10 镀锌管

图2-11 镀锌管的安装

(二）PVC阻燃管

PVC阻燃管由于具有价格较低、施工方便、不会生锈等优点，在家装电路改造中使用较为普遍。其主要成分为聚氯乙烯，另外可加入其他成分来增强其耐热性、韧性、延展性等，如图2-12所示。

选择PVC阻燃管时，需要注意检查管子的质量，确保阻燃管不会一弯就瘪、遇冲击产生裂纹。首先，检查管子外壁是否有生产厂标记和阻燃标记；其次，可用火点燃管子，然后撤离火源，看30 s内是否自熄；再次，可试将管子弯曲90°，弯曲

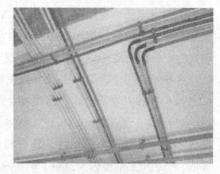

图2-12　PVC阻燃管

后看外观是否光滑；最后，可用榔头敲击管子至变形，无裂缝的为冲击测试合格。PVC阻燃管多为6分（20 mm）和4分（15 mm）两种，按照国家标准，电线套管的管壁厚度必须达到1.2 mm。

PVC阻燃管和镀锌管的比较：

（1）成本：PVC管占优，成本较镀锌管更低。

（2）安装便利程度：PVC管占优，安装非常方便，而镀锌管安装比较麻烦且质量大，增加人力成本。

（3）强度和耐久性：镀锌管占优，PVC管会老化，老化后会变脆，而镀锌管即便是在潮湿的条件下，也能坚持很多年，使用寿命上完全占优。另外，镀锌管的强度也比PVC管好得多。在公共装修中主要应用的是镀锌管。

（三）软管

上面提到的两种管一般是特制硬管，在家装电路改造中，可能还会用到一些软管，如吊顶内接线盒至灯具的导线就应该用软管保护。软管有塑料软管、金属软管、包塑金属软管和普利卡软管等，如图2-13所示。

（四）电线

家庭装修中，要涉及强电（照明、电器用电）和弱电（电视、电话、音响、网络用电）。电路线埋暗线，线材很重要。

电线的主要原料是铜和塑料，内部为铜芯，外面包着一层塑料绝缘保护层。室内电线根据其铜芯的截面面积大致可以分为1.5 mm²、2.5 mm²、4 mm²等几种，长度通常是一卷为

图2-13　软管

（100±0.5）m。一般情况下，进户线为10.0 mm²，照明为1.5 mm²，插座用线多选用2.5 mm²，空调等大功率电器用线多为4 mm²，但实际上照明和插座用线多统一为2.5 mm²。目前，市场上还有一种直热式热水器，其功率能够达到3 000 W以上，像这种电器必须采用4 mm²以上的电线，最好还是专线专用。各种规格的电线如图2-14所示。

电线有强电、弱电之分，常见的电源线为强电电线，弱电

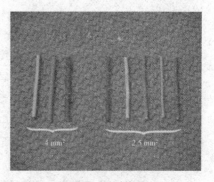

图2-14　电线

电线则包括电话、有线电视、音响、对讲机、防盗报警器、消防报警器和煤气报警器等用线。弱电信号属低压电信号，抗干扰性能较差，所以弱电电线应该避开强电电线。国家标准规定，强、弱电电线在安装时要距离50 cm以上以避免干扰。

在布线过程中，必须遵循"火线进开关，零线进灯头"和"左零右火，接地在上"的原则接线。像空调、洗衣机、热水器、电冰箱等常见电器设备的电源线均为三相线，即一相火线、一相零线、一相地线。很多人忽略了地线的作用，只将一相火线与一相零线接入电源插座，将地线抛开不接，虽然这样做对于电器的使用不会造成什么问题，但是一旦电器设备出现漏电，就可能因此导致触电伤人和火灾事故。电线颜色如图2-15所示。

图2-15　电线颜色

1. 国标电线与非国标电线

国标电线是完全按照国家使用标准生产的电线，而非国标电线不符合国家规定的标准。非国标线往往采用回收的杂铜和残次的绝缘材料制成，虽然比国标线便宜，但往往铜芯更细、长度不足。非国标电线很容易引发短路跳闸或烧坏电源总闸，潜伏着巨大的火灾隐患。因此为了保证家居安全，建议不要贪图便宜使用非国标电线。

2. 家用电线质量鉴别方法

鉴别电线是否为优质的国标线的方法比较有效的有下面几种：

（1）看铜芯：优质的铜芯应该是紫红色的，有光泽；劣质的则为紫黑色、偏黄或偏白。

（2）试手感：通常手感柔软、抗疲劳强度好、塑料或橡胶手感弹性大且电线绝缘体上无裂痕的是优质产品。

（3）称质量：质量好的电线一般都在国标规定的质量范围内。如截面面积为1.5 mm^2的塑料绝缘单股铜芯线，每100 m质量为1.8~1.9 kg；2.5 mm^2的塑料绝缘单股铜芯线，每100 m质量为3.0~3.1 kg；4.0 mm^2的塑料绝缘单股铜芯线，每100 m质量为4.4~4.6 kg。

（4）量长度：长度是区别符合国家标准要求和假冒劣质产品的主要、直观的方法。选购时，千万不要贪图价格便宜，选购有90 m或80 m，甚至没有长度标识的电线电缆，长度一定要符合（100±0.5）m标准要求，即以100 m为标准，允许误差为0.5 m。

（5）看包装：包装中应有完整的合格证，合格证上应包括规格、额定电压、长度、日期、厂名、厂址等完整信息。看有无中国国家强制产品认证的"CCC"和出厂许可证号；看有无质量体系认证书；看合格证是否规范；看电线上是否印有商标、规格、电压等，如图2-16所示。

（五）开关

（1）开关介绍与选购。开关是指一个可以使

图2-16　电线包装标识

电路开路、使电流中断或使电流流到其他电路的电子元件，如图2-17所示。

（2）开关的种类。开关的种类非常多，最早的是拉线开关，发展到拇指开关，再到现在比较主流的翘板开关，还有轻触开关、光电开关等。目前家居中，大多数家庭采用的是翘板开关。常见的独立开关为86型开关。按照用途分，室内装修常用的有单控开关和双控开关。单控开关的意思就是一个开关控制一个或者多个灯具，比如办公室有多盏筒灯，它们由一个开关控制，那这个开关就是单控开关。双控开关的意思则是两个开关控制一个或者多个灯具，比如走道和卧室就比较适合安装双控开关，这边打开，那边关闭，非常方便。除此之外，还可以根据开关控制灯具数量的多少，将开关分为单联、双联、三联、四联，可以一直这样推下去。按照性能的不同，还可以将开关分为转换开关、延时开关、声控开关、光控开关等，如图2-18所示。

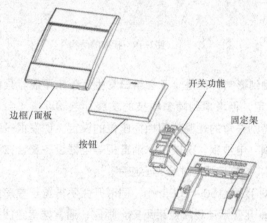

图2-17 开关结构

图2-18 开关

开关质量辨别方法如表2-2所示。

表2-2 开关质量辨别方法

眼观	一般好的产品外观平整、无毛刺，色泽亮丽。其材料采用优质ABS+PC料，阻燃性能良好，不易碎。有的产品表面虽光洁，似乎涂了一层油，但色泽苍白、质地粗糙，此类材料阻燃性不好，可以用火点燃测试它的阻燃效果。要是点着很快熄灭，则为好的塑料
手按	好的产品面板用手不会直接取下，必须借助一定的专用工具，而一般的中低档产品面板用手很容易取下，造成家居和公共场所的不美观。选择时用食指、拇指分按面板对角端点，一端按住不动，另一端用力按压，面板松动、下陷的产品质量较差，反之，质量可信
耳听	轻按开关功能件，声音轻微、手感顺畅、节奏感强，则质量较优；反之，启闭时声音不纯、动感涩滞，则质量较差

开关是安全用电的主要零部件，其产品质量、性能材质对于预防火灾、降低损耗都有至关重要的作用。此外，由于市场上的开关品牌多样、良莠不齐，使消费者选购时无所适从。因此，选购开关时更需小心谨慎。除了表2-2中的眼观、手按和耳听三种鉴别质量的方法外，建议业主选购的时候还需认准品牌。

（六）插座

插座是指有一个或一个以上电路接线可插入的座，通过它可插入各种接线，便于与其他电路接通。插座从外观上看有二二插、二三插等种类，有些插座还自带开关。按功能分，插座可以分为普通插座、安全插座、防水插座等。有小孩的家庭和幼儿园等空间，最好采用有保险挡片的安全插座，避免小孩发生触电危险；在卫生间等水汽较多的空间，安装电热水器尤其是直热式电热水器最好采用具有防水功能的带开关插座为宜，如果要关掉电热水器，频繁插拔插头会有一定的危险，而插座上如果有开关则没有这种问题。除此之外，现在还有一种安装在地面上的地插座，平时与地面齐平，脚一踩就可以弹出来。插座的结构如图2-19所示。

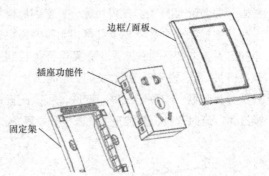

图2-19　插座的结构

插座的安装是宁多毋少，多了可能会使外观受到影响，但是少了会给日常生活带来不便。具体到每个空间插座数量的多少需要根据实际情况确定，但考虑到随着科技的发展，电器设备还会增多，因此多预留几个插座位是合适的。这里需要特别注意的是整体橱柜插座位的设定。现在很多的整体橱柜已经将电冰箱、电磁炉、电烤箱、电饭锅、电炒锅、洗碗机、消毒柜等电器设备整合在了一起，安排插座位时一定要充分考虑到数目和高度，这样使用时才会得心应手。

开关高度一般为1 200～1 400 mm，距离门框门沿为150～200 mm，同时开关不得置于单扇门后面。暗装和工业用插座距地面不应低于300 mm；儿童活动场所应采用安全插座；通常挂壁空调插座的高度约为2 000 mm，厨房插座高度约为950 mm，洗衣机插座高度约为1 000 mm。

目前市面上常见的插座有86型、118型、120型和146型。不同型号插座对比如表2-3所示。

表2-3　不同型号插座对比

型号	尺寸	优点	缺点
86型插座	方形，尺寸86 mm×86 mm	通用性好，安装牢固，弱电干扰小	缺乏灵活性，插口少，通常要搭配拖线电源板来使用
118型插座	横装的长条插座。长度尺寸分别是118 mm、154 mm和195 mm，宽度一般都是74 mm	外形美观，组合灵活。例如，电话、网络、有线、开关、插座、调速器等插口可以任意组合	弱电干扰比86型差，不够牢固
120型插座	模块以1/3为基础标准，竖装的标准尺寸为120 mm×74 mm	可以自由组合，和118型类似	弱电干扰稍差，不够牢固
146型插座	面板尺寸一般为86 mm×146 mm或类似尺寸	面板设置多个不同类型的插口	缺乏灵活性，已经逐渐被市场淘汰

不同类型的插座主要区别于它们的面板尺寸和结构。家居电路安装一般以86型和118型插座为主，两种插座各有所长，建议消费者同时选购。在电器用品比较多的空间，如客厅的电视墙，可选用118型插座，这样可以将有线、网络等插口和其他插口一起组合安装。在电器用品单一的区域，如

冷气机、电冰箱等，选用86型的插座，使用电更稳定安全。86型插座如图2-20所示。

（七）弱电线

弱电线主要是电视线、音响线、网线、电话线等以传输信号为主的线材。

电视线又称为视频信号传输线，是用于传输视频与音频信号的线材，一般为同轴线。电视线一般分为96网、128网、160网。网是指外包铝丝的根数，它直接决定传送信号的清晰度与分辨度。线材分2P与4P，2P是1层锡与1层铝丝，4P是2层锡与2层铝丝。电视线如图2-21所示。

图2-20　86型插座

选购时，注意电视线的编织层是否紧密，越紧密说明屏蔽功能越好，电视信号也就越清晰。也可以用美工刀将电视线划开，观察铜丝的粗细，铜丝越粗，其防磁、防干扰性能就越好。

音响线用于连接功放与音箱，其中流通的电流信号远大于前面所说的视频线与音频线，正因为信号幅度很大，这类线往往没有屏蔽层，对于这种线材，关键是要降低其电阻，因为现代功放的输出阻抗很低，所以对音响线的要求也随之增高，如选用截面面积大的或多股绞合线。音响线如图2-22所示。

由于音响线传送的是功率信号，因此不应有太大的信号损失，这就在客观上要求音响线具有极为优秀的导电性能，优秀的导电性能要求线材要具备极好的传送能力。目前用来衡量这两点的主要技术指标是N值与导线股数。N值是反映音响线在制作中所使用金属纯度高低的参数，一般采用OFC无氧铜与镀锡铜。音响线主要应用于各型扬声器、PA工程、家庭影院、公共空间广播系统。

音响线有许多种，传输质量较好的一种为无氧铜音响专用线，其主要特点是导电性能好，电阻率低，使用了它；在重放声音时音色增加不少。

连接局域网，网线是必不可少的。在局域网中常见的网线主要有双绞线、同轴电缆、光缆三种。双绞线，是由许多对线组成的数据传输线。它的特点就是价格便宜，所以被广泛应用，如我们常见的电话线等，可与RJ45水晶头相连。它又分为STP和UTP两种，我们常用的是UTP。网线如图2-23所示。

图2-21　电视线　　　　　　图2-22　音响线　　　　　　图2-23　网线

双绞线端接有两种标准：T568A和T568B，而双绞线的连接方法也主要有两种：直通线缆和交叉线缆。直通线缆的水晶头两端都遵循T568B标准，双绞线的每组线在两端是一一对应的，颜色相同的在两端水晶头的相应槽中保持一致。它主要用在交换机（或集线器）Uplink口连接交换机（或集线器）普通端口或交换机普通端口连接计算机网卡上。而交叉线缆的水晶头一端遵循T568A标准，而另一端则采用T568B标准，即A水晶头的1、2对应B水晶头的3、6，而A水晶头的3、6对应B水晶头的1、2，它主要用在交换机（或集线器）普通端口连接到交换机（或集线器）普通端口或网卡上。

在综合布线工程中做水平线端接时，《综合布线系统工程验收规范》（GB/T 50312—2016）接受T568B类或T568A类，但不允许同时安装，通常按T568B类端接。

（八）接线暗盒

接线暗盒是采用聚氯乙烯（PVC）或金属制作的电路连接盒，如图2-24所示。现代电路布设都采取暗铺装的方式施工，接线暗盒一般都需要进行预埋安装，成为必备的电路辅助材料。接线暗盒主要起到连接电线、各种电器线路的过渡、保护线路安全的作用。

常用的接线暗盒有86型、120型和其他特殊功能型。86型暗盒的尺寸约80 mm×80 mm，面板尺寸约86 mm×86 mm，86型暗盒分为单盒与多联盒，其中多联盒是由2个及2个以上的单盒组合。120型暗盒分为120/60型与120/120型，120/60

图2-24　接线暗盒

型暗盒尺寸约为114 mm×54 mm，面板尺寸约为120 mm×60 mm，120/120型暗盒尺寸约为114 mm×114 mm，面板尺寸约为120 mm×120 mm。此外，有一些特制专用暗盒，仅供其配套产品使用，如空气开关暗盒。不同材质的接线暗盒不宜混合使用，金属材质的暗盒主要用于接地型插座，其防火、抗压性能良好，PVC材质的暗盒绝缘性能更好，使用面更广。施工时应根据不同环境选用不同材质的暗盒。常用的86型PVC暗盒价格为1～2元/个，具体价格根据质量而不同。

暗盒选购时，优质产品一般为白色、米色，质地光滑、厚实，有一定弹性但不变形。将暗盒放在地上，用脚踩压应不变形或断裂。用打火机点燃后无刺鼻气味，打火机离开后，火焰后会自动熄灭。优质暗盒的螺钉口为螺纹铜芯外包绝缘材料，能保证多次使用不滑扣。而褐色、黑色、灰色产品多为返炼胶制作，且暗盒表面有不规则的花纹，表示其中杂质较多，彼此间没有完全融合。伪劣材料质地较粗糙，且边角部位毛刺较多，用力拉扯暗盒侧壁容易造成暗盒变形或断裂。

三、电路改造的施工工序

电路改造的施工原则是：走顶不走地，顶不能走，考虑走墙，墙不能走，考虑走地。走顶的线在吊顶或者石膏线内，即使出了故障，检修也方便，损失不大。如果全部走地，检修时要将地板掀起。地面是混凝土结构，要埋线管，必然会伤害到混凝土层，甚至钢筋。施工过程如图2-25所示。

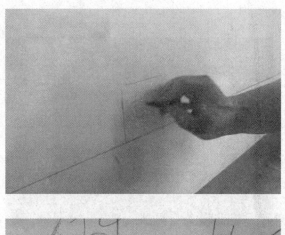
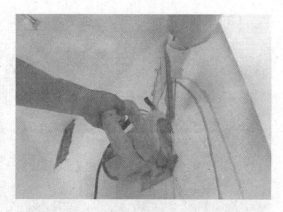
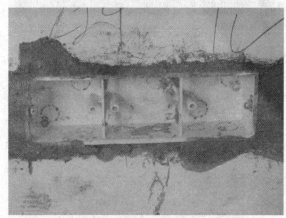
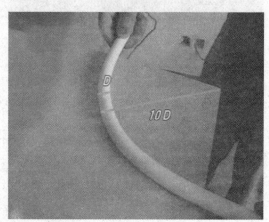

图2-25 电路改造的施工步骤

（一）电路改造的施工步骤

第一步：弹线。施工人员与业主现场确定开关、插座的位置，并用墨斗弹出需要开槽的线。

第二步：开槽。用切割机沿着弹好的墨线在墙地面上切出需要暗装线管以及底盒的槽。

第三步：清理渣土。

第四步：安装穿线管。根据开好凹槽的走向用弯簧把线管搣弯，两头穿进底盒上的锁母，安装底盒。装底盒之前要在底盒合适的位置装好锁母。弯管弧度应该是线管直径的10倍（见图2-25），这样穿线或拆线才能顺利。

第五步：穿线。管内所穿电线的总横截面面积不能超过线管横截面面积的60%，一般情况是在相匹配的管内的电线数最好不要超过3根，这样才能充分保证是活线而不是死线。

第六步：连接各种强弱电线线头。

第七步：封闭电槽。

第八步：标尺寸拍照留底。尤其是原来的开关插座，如果不再使用一定要标示清楚，方便以后维修。

（二）电路施工的注意事项

（1）强弱电的间距要大于50 cm，因为强电会干扰弱电，如图2-26所示。

（2）强弱电不能同时穿入一根管内，如图2-27所示。

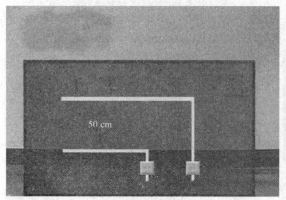

图2-26 抗干扰距离

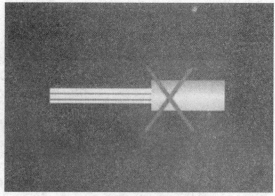

图2-27 强弱电不能共管

（3）管内导线总截面面积要小于电线保护管截面面积的40%，比如ϕ20 mm管内最多穿4根2.5 mm^{2}的线，如图2-28所示。

（4）长距离的线管尽量用整管。

（5）线管如果需要连接，应使用接头连接，接头和管需用胶粘好。

（6）如果有线管在地面上，应立即做好保护措施，防止踩裂，影响以后的检修。

（7）当布线长度超过15 m或中间有3个弯曲时，应在中间加装一个接线盒，拆装电线时，若电线过长或弯曲过多，将导致电线无法穿过线管，如图2-29所示。

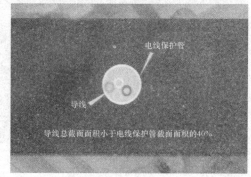

图2-28 截面面积占比要小

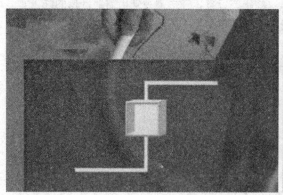

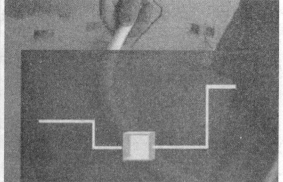

图2-29 布线长度长或弯曲多需加线盒

（8）一般情况下，电线线路应和暖气、燃气管道相距40 cm以上。

（9）一般情况下，空调插座安装需离地2 m以上。

（10）在没有特别要求的前提下，插座安装的离地高度应为30 cm，如图2-30所示。
（11）开关、插座面板，应该左侧零线，右侧火线，如图2-31所示。

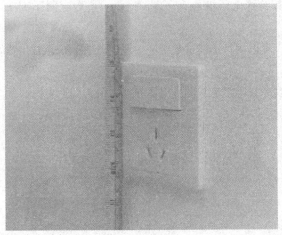

图2-30　离地高度　　　　　　　　图2-31　左零右火

（12）家庭装修中，电线只能并头连接，接头处必须结实牢固，接好的线要立即用绝缘胶布包好，如图2-32所示。

（13）在装修过程中，如果确定了火线、零线、地线的颜色，任何时候，颜色都不能混用，如图2-33所示。

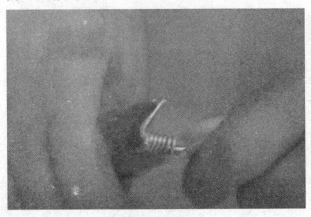

图2-32　接线头　　　　　　　　　图2-33　确定各线颜色

（14）家里不同区域的照明、插座、空调、热水器等电路都要分组布线，某部分需要断电检修，不能影响其他电器的正常使用。

四、电路改造的施工验收

（1）电线的布线是否按工艺规范进行。
（2）开关、插座是否按用户要求的位置、数量安装到位。

（3）接头是否为国家规范要求接驳、包扎（可以打开胶布抽查）。

（4）插座接线是否为左零右火中接地、是否接地。

（5）用兆欧表检测导线之间的绝缘电阻，其绝缘电阻值应大于0.5 MΩ。接地电阻不大于4 Ω。

（6）通电检查各个开关、插座是否正常通电，可以用灯泡测试是否亮。漏电开关是否正常动作（弱电也要验收）。

（7）验收合格，装修公司按实际施工情况修改完成电路布线图（电路布线图分为照明电路、插座电路、弱电电路三张图纸），交给用户。装修公司与用户一起拍照或录像保留隐蔽前的电路（强弱电）布线情况。

验收合格，经业主在隐蔽工程确认书上签字确认后，才能做强弱电电路的填埋隐蔽工作。

课后思考

1. 水路改造施工举例：卫生间所用设施（洗手盆、坐便器、淋浴器、加热器）是如何通过管线进行连接的？
2. 水路改造材料的种类有哪些？
3. 简述电路改造材料的种类与施工流程。

第三章 泥水类装饰工程

▌本章知识点
本章主要介绍室内装饰的泥水工程。泥水工程是装饰装修的基础工程，包括地面找平、做防水、墙体砌筑、墙壁抹灰、墙砖地砖铺贴等。

▌学习目标
通过本章的学习，了解各项泥水工程的基本知识，重点掌握泥水工程施工工艺的应用。

泥水类装饰工程是指施工中涉及瓦工的工程，例如，对室内的墙地面进行找平、贴砖、拆砌等施工。

第一节 地面找平工程

一、地面找平工程的概念

地面找平工程主要运用的是自流平技术。自流平是一种地面施工技术，它是指多种材料同水混合而成的液态物质倒入地面后，根据地面的高低不平顺势流动，对地面进行自动找平，并很快干燥。固化后的地面会形成光滑、平整、无缝的新基层。除找平功能之外，自流平还可以防潮、抗菌，这一技术已经在无尘室、无菌室等精密行业中广泛应用。

自流平地面颜色鲜艳，平整度高，无缝隙。其一般分为水泥自流平和环氧砂浆自流平两种。水泥自流平根据用途不同又分为基层找平水泥自流平和面层直接使用水泥自流平。

二、自流平施工的种类及其应用

（一）水泥自流平

水泥自流平砂浆是选用特种水泥、精选集料、干粉树脂配制而成一种干粉状产品，与水混合后形成流动性极佳的流体浆料。在人工辅助摊铺下，它能快速展开自动找平，而不是像水一样可以流到很远的地方。它只是在一定的时间内，存在一定的流动度和流动方向，超过一定时间，它就会停止流动，开始凝固。水泥自流平地面是铺设复合地板、PVC地板、涂刷环氧树脂等地坪材料的理想基层，具有平整度高、施工简便快捷、与基层黏结牢固、无刺激性气味、环保等特点。自流平水泥如图3-1所示。

（二）环氧砂浆自流平

环氧砂浆是用环氧树脂为主材，将固化剂、稀释剂、溶剂、分散剂、消泡剂及某些填料等混合加工而成的自流平漆。环氧砂浆自流平地面细分为环氧砂浆的地面、环氧树脂地面、环氧防静电地面、环氧防腐蚀地面、环氧防滑地面、环氧彩砂水磨石地面等。环氧砂浆自流平地面如图3-2所示。

图3-1　自流平水泥

图3-2　环氧砂浆自流平地面

三、自流平的施工工序

（一）水泥自流平施工工序

（1）检查地面湿度，确认地面干燥；检查地面平整度，确认地面平整；检查地面硬度，地面应无裂缝，如图3-3所示。

（2）彻底清扫地面，清除地面各种污物，如油漆、油污及涂料等，全面打磨地面。

（3）彻底吸净灰尘。

（4）将界面剂进行1∶1兑水，用泡沫滚筒进行涂布，每平方米用量为100～150 g，如图3-4所示。

图3-3 检查地面

图3-4 涂刷界面剂

（5）界面剂涂布结束后，需等待1～3小时，保持良好通风，使其完全干燥，再进行自流平施工。

（6）用自流平水泥倒入放有清洁凉水的搅拌桶，用带浆电钻进行搅拌，直至形成流态均匀的混合物。必须确保无结块。然后迅速将混合物均匀倒入施工区域，用耙子将自流平水泥均布，并用滚筒进行滚压，将空气释放。注意要合理安排施工人员，确保在15分钟内将混合好的一包自流平水泥施工完。若完成2 mm厚度的自流平施工，每包自流平水泥可涂布约8 m²。推使水泥自流平如图3-5所示。

图3-5 推使水泥自流平

（7）约24小时后，自流平水泥完全干燥。

水泥自流平施工最大的自然障碍就是温度。地表温度很低或很高时，均不建议进行水泥自流平施工，原因在于水化反应问题，温度低，则水化反应过慢；温度高，则水分挥发过快，在水泥自流平与水还未及时完成反应之前，水分先挥发了，水分不足，从而伴产生很多质量问题。一般来说，冬期施工水泥自流平强调温度，所以在室外的施工基本被暂停（其实水泥自流平大多数还只是用于室内），部分室内施工可以进行，但需要更加积极地为地面施工创造一些条件（如保证地面施工温度等）。

（二）环氧砂浆自流平施工工序

1. 基面处理

打磨、修补、清洁地面，使基面达到无空鼓、开裂、砂眼、坑洞、起壳和油污等，如图3-6所示。

2. 环氧树脂底涂涂装

环氧树脂底涂按比例把主剂与固化剂混合，充分搅拌均匀，在使用时间内滚涂涂装，涂装做到要薄而匀，涂装后有光泽，无光泽之处，在适当时进行补涂，如图3-7所示。

图3-6 基层清理打磨

图3-7 批刮环氧底漆

3. 环氧砂浆中涂涂装

（1）批刮粗石英砂浆层：先将环氧树脂中涂主剂充分搅拌均匀，按比例把主剂与固化剂混合，充分搅拌均匀，混合时将固化剂从主剂的桶中央倒入，避免材料混合不均。搅拌后，再配比适量4~6号的粗石英砂，采用刮刀刮涂工艺填补找平基面。

（2）批刮细石英砂浆层：在混合好的环氧树脂中涂配比适量6~8号的细石英砂，同样采用批刀批刮，进一步增加中涂层的耐压及抗冲击性能。

根据地坪设计厚度多次批刮，可重复（1）（2）道工序，待砂浆中涂层固化后打磨、吸尘干净。

4. 环氧腻子中涂涂装

先将环氧树脂中涂主剂充分搅拌均匀，再按比例把主剂与固化剂混合，充分搅拌均匀，混合时将固化剂从主剂的桶中央倒入，避免材料混合不均。搅拌后，再配比适量石英粉批刮填补、封闭砂浆层的砂眼、毛细孔平滑基面，使环氧面涂施工达到美观、平整，如图3-8所示。

5. 环氧自流平面涂涂装

将无溶剂环氧树脂自流平面涂主剂充分搅拌均匀，按比例把主剂与固化剂混合，充分搅拌均匀，混

图3-8 批刮环氧中涂

合时将固化剂从主剂的桶中央倒入，避免材料混合不均。充分搅拌均匀，倒于地面上，用专用带齿镘刀镘刮涂装，先处理墙脚及犄角，再整体镘涂一道。涂装时发现砂粒和杂物及时拣出，以免影响

表观效果，如图3-9所示。

环氧砂浆自流平完工效果如图3-10所示。

图3-9 批刮环氧面涂

图3-10 完工效果

6．面漆保养

面涂完成后将有关施工材料、工具搬离现场，严密封闭保护完成饰面，至少24小时后才可允许人进入行走，不可带进泥砂。

（三）水泥自流平和环氧砂浆自流平的区别

（1）水泥自流平使用高强度等级水泥为基料，单组分，施工中加入水；环氧砂浆自流平采用饱和环氧树脂为基料，使用固化剂为双组分，施工中基本不加入其他辅料。

（2）水泥自流平一次施工成型，厚度为2~4mm；环氧砂浆自流平需要多次刮涂，最终厚度为3~5mm。

（3）水泥自流平，比较坚硬；环氧砂浆自流平只有加入集料以后才能体现出硬度。

（4）水泥自流平主要用于地面修补装饰；环氧砂浆自流平用于实验室、药厂、电子电器车间等室内洁净要求程度很高的场合。

（5）水泥自流平价格低；环氧砂浆自流平价格较高。

四、自流平施工验收

（一）水泥自流平验收

（1）当无设计要求时，水泥基自流平砂浆、石膏基自流平砂浆作为垫层使用时平均厚度不得低于2mm，作为面层使用时平均厚度不得低于4mm。

（2）材料进场时，应检查材料型式检验报告，对于有疑义的项目，应进行复检。

（3）对于石膏基和水泥基自流平材料，通常需要检查其放射性检测报告。

（4）检查是否存在空鼓，可采用小锤敲击法，其是检查空鼓最简便的方法。

（5）若水泥砂浆或混凝土基层养护时间少于规定要求，易造成基层强度偏低，进而与面层黏结不牢，影响工程质量。

（二）环氧砂浆自流平验收

（1）对于自流平工程，为保证地面质量，必须严格控制面层厚度。宜根据环氧自流平材料的体积固含量换算出湿膜厚度，然后在面层未固化前采用针刺法或湿膜测厚仪进行测试。

（2）材料进场时，应检查材料型式检验报告，对于有疑义的项目，应进行复检。

（3）溶剂型产品和稀释剂属于易燃、易爆品，即使很小的火源也能引起火灾，因此在运输、储存和使用过程中必须严格遵循材料安全说明书的规定。

（4）有机类地坪材料大多属于危险化学品，如果人吸入一定量或者大面积接触的话，易引起中毒，因此在地下室和密闭空间等空气流动性差的场所施工时，应根据施工面积、气体容积、地坪材料的种类和用量等计算出风量，安装排气装置。

（5）树脂材料大部分为双组分，制备浆料时一定要精确称量，细心搅拌，制备砂浆时不得任意加砂。

五、聚氨酯防水涂料施工工序

（一）材料及要求

聚氨酯防水涂料，应具有出厂合格证及厂家产品的认证文件，并复验以下技术性能。聚氨酯防水涂料，以甲组分及乙组分桶装出厂。甲组分为异氰酸基，含量以（3.5±0.2）%为宜。乙组分为羟基，含量以（0.7±0.1）%为宜。使用时甲组分和乙组分料按1:1的比例配合，形成聚氨酯防水涂料。

辅助材料包括磷酸（用作缓凝剂）、二月桂酸二丁基锡（用作促凝剂）、二甲苯或醋酸乙酯（用于稀释和清洗工具）、水泥（42.5级普通硅酸盐水泥，用于配制水泥砂浆抹保护层）、中砂（圆粒中砂，粒径2~3 mm，含泥量不大于3%，用于配制水泥砂浆抹防护层）。

（二）施工流程

（1）清理毛坯墙地面的杂物，保证清洁、找平。

（2）量线，在墙角处向上反300 mm处画线并开始刷防水。

（3）墙面防水涂刷高度对于浴室不低于1 800 mm，浴盆处加150 mm，如图3-11所示。

（4）刷防水后要晾干24小时，然后做闭水试验看是否漏水，如图3-12所示。

图3-11 墙面防水涂刷高度

图3-12 防水闭水试验

(三）成品保护

（1）施工人员应穿软质胶底鞋，严禁穿带钉的硬底鞋。在施工过程中，严禁非本工序人员进入现场。

（2）防水层上堆料放物，都应轻拿轻放，并加以方木铺垫。

（四）防水施工验收

防水施工也是隐蔽工程中需要重点关注的，实际上，防水施工不是为业主自己的房子做的，而是为楼下邻居做的，因为将来一旦漏水，会给楼下邻居造成不可估量的损失，所以，业主不但要盯好自己家的防水施工，也要关注楼上邻居家的防水施工。验收防水施工的方法就是做闭水试验。

闭水试验的重点如下：

（1）到楼下卫生间查看顶部是否有以前留下的渗漏痕迹，在旧痕迹上做标记以便区分；

（2）将卫生间的下水道和门堵住，向地面放水直到将地面全部淹没；

（3）留水24小时以上，中途最好查看一次，最后到楼下卫生间查看有无渗漏。

第二节　砌体工程

一、砌体工程的概念

砌体工程是指在建筑工程中使用烧结普通砖、空心砖、蒸压灰砂砖、粉煤灰砖、各种中小型砌块和石材等材料进行砌筑的工程，包括砌砖、砌石、砌块及轻质墙板等内容。砌体工程要熟悉砖、石、砌块砌体对砌筑材料的要求，组砌工艺，质量要求以及质量通病的防治措施。

室内装修里的砌筑工程主要是隔墙砌筑以及卫生间或者厨房的包管（包管的方法有很多，砌筑只是其中之一）。

二、砌体工程的常用材料

（1）砖：砌筑用砖有烧结普通砖、蒸压灰砂砖、烧结多孔砖、烧结空心砖、粉煤灰砖及非烧结普通黏土砖等。砖的品种、强度等级须符合设计要求，并应规格一致，并且有出厂证明、试验单，并复试合格。烧结普通砖是以黏土、页岩、煤矸石等为主要原料，经坯料制备，入窑焙烧而成的实心砖，如图3-13所示。烧结空心砖是以黏土、页岩、煤矸石等为主要原料，经坯料制备，入窑焙烧而成的，有少量大方孔，常有规格为290 mm×190 mm×90 mm及290 mm×290 mm×190 mm等，如图3-14所示。

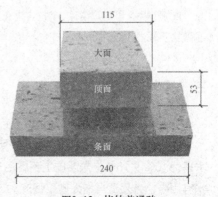

图3-13　烧结普通砖

(2)水泥：一般采用32.5级矿渣硅酸盐水泥和42.5级普通硅酸盐水泥，并按规定复试。当在使用中对水泥的质量有怀疑或水泥出厂超过3个月时，应进行复查试验，并按其结果确定使用与否，如图3-15所示。

图3-14 烧结空心砖

图3-15 水泥

挑选水泥方法如下：

①看外观。即查看水泥的外观和其包装质量。优质水泥应该呈灰白色，一般会使用防潮性能好、不易破损的内部覆膜的包装袋；而劣质水泥往往包装粗糙，容易造成水泥受潮结块，水泥颜色过深或有变化说明其他杂质过多。

②看信息。即看时间，看清水泥的生产日期。超过有效期30天的水泥性能有所下降。储存3个月后的水泥其强度下降10%～20%，6个月后降低15%～30%，1年后降低25%～40%。优质水泥，6小时以上能够凝固。超过12小时仍不能凝固的水泥质量不好。

③看报告。即看厂家的检测报告。消费者可以向销售员直接索要检测报告，通过检测报告来判断水泥质量的好坏。一般来说，检测报告会给出水泥强度等各项性能指标的鉴定结论。

除了上面的方法，还可以通过手感来检验水泥的好坏。优质水泥颗粒细腻；劣质水泥则手感粗糙，使用时强度低、黏性很差。

(3)砂：中砂，应过5 mm孔径的筛。砂浆的强度等级是按以N/mm^2为单位的抗压强度划分的。配制M5以下的砂浆，砂的含泥量不超过10%；M5及其以上的砂浆，砂的含泥量不超过5%，并不得含有草根等杂物。

三、砌体工程的施工工序

(一)砌体工程施工步骤

(1)砖块浇水：烧结普通砖必须在砌筑前一天浇水湿润，一般以水浸入砖四边15 mm为宜，含水率为10%～15%，常温施工不得用干砖砌墙；雨季不得使用含水率达饱和状态的砖砌墙；冬期浇水有困难，必须适当增大砂浆稠度。

(2)拌水泥砂浆：42.5级普通硅酸盐水泥、中砂、水，水泥和中砂比例为1∶3。砂浆拌和前中砂应过筛去除石块和杂物，水泥中砂必须拌和均匀。

（3）砌筑面清理：砌筑前必须清理砌筑基座及连接墙面的浮灰，连接墙面如果是石灰腻子面必须将石灰腻子层铲除直至看见水泥层或砌体。

（4）墙地面挂线：依照设计尺寸放砌筑线，预留出墙体粉刷层厚度，厚度为10 mm，左右垂直吊线各一根，皮层砌筑线一根，线绳两端固定拉紧。

（5）砌筑砖块：砌筑砖块宜采用"三一砌筑法"，即一铲灰、一块砖、一揉浆的砌筑方法。灰缝厚度应保持10 mm左右。当采用铺浆法砌筑时，铺浆长度不得超过750 mm；施工期间气温超过30℃时，铺浆长度不得超过500 mm。

实心砖砌体大都采用一顺一丁、三顺一丁或梅花丁的组砌方法。砖块上、下错缝，内外搭砌。包管道砌筑时砖块宜丁砌，上、下错缝，拐角处必须插砌，包砌厨房下水管道时，水槽下水管与主下水管连接三通处必须留出150 mm×150 mm的空隙，砖块不得压在PVC管上。

120 mm及240 mm墙砌体顶部最上一皮砖必须斜丁砌，与原顶部顶实。多孔砖的孔洞应垂直于受压面砌筑。当砌筑墙体宽度大于1 000 mm、高度大于1 500 mm时必须放置拉结筋，由砌筑基座起700 mm为一档放置拉结筋，每档2根。可用ϕ8 mm螺纹吊杆做拉结筋，长度为800 mm，一头用膨胀头固定在相连的墙体或水泥柱体上，另一头弯成钩状。

（6）修整固定线盒、线槽等：砌砖墙时应及时修整线盒、线槽，保证线盒平正、线槽垂直。

（7）清理：砌筑完毕及时清理墙体表面残留灰浆及周边的砂浆。

砌体工程施工步骤如图3-16～图3-21所示。

砖的不同组砌方式如图3-22所示。

不同厚度砖墙尺寸如图3-23所示。

图3-16　砖块浇水堆放

图3-17　铲除原墙、顶接触面的腻子

图3-18 吊垂线、挂通线

图3-19 轻体砖打灰浆饱满

图3-20 设置金属拉结筋

图3-21 顶部使用小砖斜置楔紧顶面

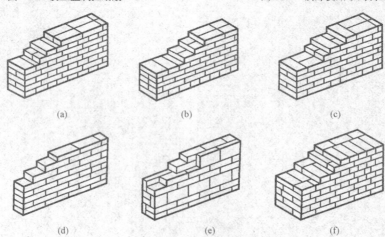
图3-22 砖的不同组砌方式
（a）240墙一顺一丁式；（b）240墙多顺一丁式；
（c）240墙十字式（梅花丁）；（d）120墙；（e）180墙；（f）370墙

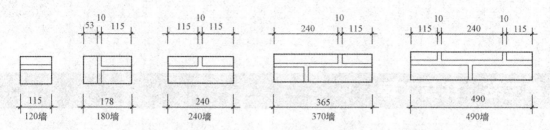

图3-23 不同厚度砖墙尺寸

（二）砌体工程施工的注意事项

（1）砂浆配合比要准确，计量要准确。搅拌时间要保证达到规定要求。

（2）冬期不得使用无水泥配制的砂浆。

（3）应随时注意在砌体规定位置放拉结筋，其外露部分在施工中不得任意弯折，并保证其长度符合图纸要求。

（4）空心砖墙砌筑到最顶部时不好拉线，墙体容易里出外进不平顺，应在梁底或板底弹出墙边线，认真按线砌筑，确保顶部墙体平直通顺。

（5）孔洞、埋件应按设计图纸的位置、标高、尺寸准确预留或埋设，避免事后剔凿开洞，影响质量。

（6）混凝土墙柱内预埋拉结筋经常不能与空心砖行灰缝吻合，应预先计算好砖行模数，保证拉结筋与空心砖行吻合，不应将拉结筋弯折使用。

（7）墙、柱内的拉结筋任意弯折或切断应注意保护。

四、砌体工程施工验收

（1）砌砖时必须先将基层、基体打扫干净，并洒水湿润。

（2）水泥砂浆配比要合格。

（3）水泥砂浆抹灰时也须先将墙体湿润，一次性抹灰不能抹太厚，宜为7~9 mm，总厚度不宜超过3 cm，若超过必须做固定措施，完工后必须洒水养护数日，干后不许有空鼓现象存在。

（4）新、旧墙交接处必须挂金属网和打拉结筋。

（5）墙体的垂直度、平整度允许误差为4 mm，阴、阳角必须垂直（90°），误差为4 mm。

（6）抹灰完工后，通知甲方验收后，干后方可做水电施工。

（7）门是由木工制作还是定购，定购门须预先提供门洞尺寸。原始门洞的尺寸：卫生间宽760 mm，卧室宽850 mm，推拉门洞高2 150 mm，其他2 100 mm。具体以施工图为主。

（8）顶上白灰须先铲除后方可砌墙。

（9）墙体当天不可一次砌到顶。

第三节 抹灰工程

一、抹灰工程的概念和功能

抹灰工程指用抹面砂浆涂抹在基底材料的表面,具有保护基层和增加美观的作用,为建筑物提供特殊功能的系统施工过程。抹灰工程具有两大功能:一是防护功能,保护墙体不受风、雨、雪的侵蚀,增加墙面防潮、防风化、隔热的能力,提高墙身的耐久性能、热工性能;二是美化功能,改善室内卫生条件,净化空气,美化环境,提高居住舒适度。

一般在室内装修中,墙面的抹灰工程在开发商交房的时候就已经完成,这里涉及的是墙体拆改施工中后砌墙体的抹灰工程,或者老房子翻新的抹灰工程。

二、抹灰工程的常用材料

(1)水泥:抹灰工程使用42.5级普通硅酸盐水泥。不同品种、不同强度等级的水泥严禁混合使用,水泥应有产品合格证书和复检报告。

(2)砂:使用平均粒径为0.35~0.5 mm的中砂,砂在使用前应过5 mm孔径的筛子。不得含有杂物,含泥量不大于3%。

(3)掺合料:混凝土界面处理剂、胶粘剂、防冻剂、抗裂纤维等掺合料必须符合设计要求和国家产品标准规定,其掺量应该按使用说明并通过试配确定,其性能应该与墙面涂料的性能匹配。

(4)密封胶:用于嵌填外墙面控制(分格)缝的弹性密封材料,应是具有较佳的耐候、耐久、耐酸碱性能,且与接触面相溶、没有沾污缺陷的高分子密封材料,宜采用高性能单组分聚氨酯密封胶。

三、抹灰工程的施工工序

(一)抹灰工程的施工步骤

(1)做标志块。先用托线板全面检查墙体表面的垂直平整程度,根据检查的实际情况并兼顾抹灰总的平均厚度规定,决定墙面抹灰厚度。接着在2 m左右高度,距墙两边阴角10~20 cm处,用底层抹灰砂浆(也可用1:3水泥砂浆或1:3:9混合砂浆)各做一个标准标志块(灰饼),厚度为抹灰层厚度(一般为1~1.5 cm),大小为5 cm×5 cm。以这两个标准标志块为依据,再用托线板靠、吊垂直确定墙下部对应的两个标志块厚度,其位置在踢脚板上口,使上下两个标志块在一条垂直线上。标志块做好后,再在标志块附近墙面钉上钉子,拴上小线拉水平通线,然后按间距1.2~1.5 m加做若干标志块。凡窗口、垛角处必须做标志块。

（2）标筋，也叫冲筋、出柱头，就是在上下两个标志块之间先抹出一条长梯形灰埂，其宽度为10 cm左右，厚度与标志块相平，作为墙面抹底子灰填平的标准。做法是在两个标志块中间先抹一层，再抹第二层凸出成八字形，要比灰饼凸出1 cm左右，然后用木杠紧贴灰饼左上右下来回搓，直至把标筋搓得与标志块一样平为止。同时要将标筋的两边用刮尺修成斜面，使其与抹灰层接槎顺平。标筋用砂浆，应与抹灰底层砂浆相同，标筋做法如图3-24所示。操作时应先检查木杠是否受潮变形，如果有变形应及时修理，以防止标筋不平。

（3）阴阳角找方。中级抹灰要求阳角找方。对于除门窗口外，还有阳角的房间，则首先要将房间大致规方。方法是先在阳角一侧墙做基线，用方尺将阳角先规方，然后在墙角弹出抹灰准线，并在准线上下两端挂通线做标志块。

高级抹灰要求阴阳角都要找方，阴阳角两边都要弹基线，为了便于做角和保证阴阳角方正垂直，必须在阴阳角两边都做标志块和标筋。

（4）门窗洞口做护角。室内墙面、柱面的阳角和门窗洞口的阳角抹灰要求线条清晰、挺直，并防止碰坏。因此，不论设计有无规定，都需要做护角。护角做好后，也起到标筋作用。

护角应抹1∶2水泥砂浆，一般高度不应低于2 m，护角每侧宽度不小于50 mm，如图3-25所示。

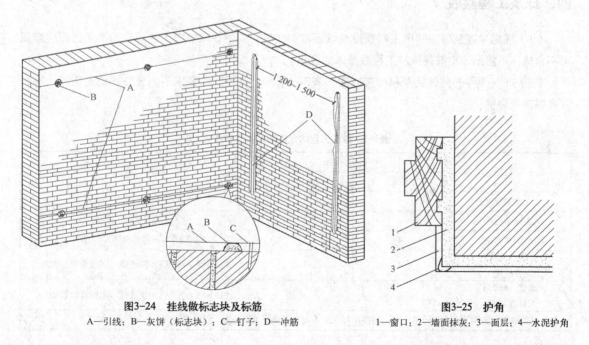

图3-24 挂线做标志块及标筋
A—引线；B—灰饼（标志块）；C—钉子；D—冲筋

图3-25 护角
1—窗口；2—墙面抹灰；3—面层；4—水泥护角

抹护角时，以墙面标志块为依据，首先，要将阳角用方尺规方，靠门框一边，以门框离墙面的空隙为准，另一边以标志块厚度为据。最好在地面上画好准线，按准线粘好靠尺板，并吊直，方尺找方。其次，在靠尺板的另一边墙角面分层抹1∶2水泥砂浆，护角线的外角与靠尺板外口平齐；一边抹好后，再把靠尺板移到已抹好护角的一边，用钢筋卡子稳住，用线坠吊直靠尺板，把护角的另一面分层抹好。再次，轻轻地将靠尺板拿下，待护角的棱角稍干时，用阳角抹子和水泥浆捋出小圆角。最后，在墙面用靠尺板按要求尺寸沿角留出5 cm，将多余砂浆以40°斜面切掉（切斜面是为墙面抹灰时便于与护角接槎），墙面和门框等落地灰应清理干净。窗洞口一般虽不要求做护角，但同样也要方正一致、棱角分明、平整光滑。操作方法与做护角相同。窗口正面应按大墙面标志块抹灰，侧面应根据窗框所留灰口确定抹灰厚度，同样应使用八字靠尺找方吊正，分层涂抹。阳角处也应用阳角抹子捋出小圆角。

（5）抹灰。抹灰环节包括三项主要工作，即抹底层、抹中层和抹面层。面层抹灰俗称罩面。一般室内砖墙面层抹灰常用纸筋石灰、麻刀石灰、石灰砂浆等。面层抹灰应在底灰稍干后进行，底灰太湿会影响抹灰面平整，还可能"咬色"；底灰太干，则容易使面层脱水太快而影响黏结，造成面层空鼓。

（二）抹灰工程的注意事项

（1）抹灰工程按高级抹灰施工工艺及标准要求进行施工和验收。高级抹灰的要求：阴阳角找方，设置标筋，分层赶平、修整，表面压光。抹灰层的总厚度不大于25 mm。

（2）抹灰应分层进行，以便能黏结牢固，并能起到找平和保证质量的要求，如果一次抹得太厚，由于内外收水快慢不同，易产生开裂，甚至起鼓脱落，每遍抹灰厚度一般控制如下：砂浆每遍厚度为5~8 mm。

四、抹灰工程验收

（1）根据《建筑装饰装修工程质量验收标准》（GB 50210—2018）的规定，抹灰出现空鼓属于不合格，不能出现空鼓是抹灰工程最基本的要求。

（2）抹灰工程的允许偏差和检查方法如表3-1所示，在不同的要求下，允许的偏差也不一样，以高级抹灰为例：

表3-1 抹灰工程的允许偏差和检查方法

项目	允许偏差/mm		检验方法
	普通	高级	
立面垂直度	4	3	用2 m垂直检测尺检查
表面平整度	4	3	用2 m靠尺和塞尺检查
阴阳角方正	4	3	用200 mm直角检测尺检查
分格条（缝）直线度	4	3	拉5 m线，不足5 m拉通线，用钢直尺检查
墙裙、勒脚上口直线度	4	3	拉5 m线，不足5 m拉通线，用钢直尺检查

注：普通抹灰，表中阴角方正可不检查；顶棚抹灰，表中表面平整度可不检查，但应平顺。

①立面垂直度：用2 m垂直检测尺检查，偏差不允许超过3 mm。
②表面平整度：用2 m靠尺和塞尺检查，偏差不允许超过3 mm。
③阴阳角方正：用200 mm直角检测尺检查，偏差不允许超过3 mm。
④阴阳角方正：用5 m线，不足5 m拉通线，用钢直尺检查，偏差不允许超过3 mm。
⑤墙裙、勒脚上口直线度：用5 m线，不足5 m拉通线，用钢直尺检查，偏差不允许超过3 mm。

（3）抹灰层与基层之间及各抹灰层之间必须黏结牢固，抹灰层应无脱层和空鼓，面层应无爆灰和裂缝。检查办法：观察；用小锤轻击检查；检查施工记录。

（4）一般抹灰工程的表面质量应符合下列规定：

①普通抹灰表面应光滑、洁净、接槎平整，分格缝清晰。

②高级抹灰表面应光滑、洁净、颜色均匀，无抹纹，分格缝和灰线清晰美观。检查办法：观察；手摸检查。

（5）护角、孔洞、槽、盒周围的抹灰表面应整齐、光滑；管道后面的抹灰应平整。检查办法：观察。

（6）有排水要求的部位应做滴水线（槽）。滴水线（槽）应整齐顺直，滴水线应内高外低，滴水槽的宽度和深度均不应小于10 mm。检查办法：观察；尺量检查。

第四节　瓷砖铺贴工程

一、陶瓷概述

（一）陶瓷的概念

陶瓷是指所有以黏土为主要原料与其他天然矿物原料经过粉碎、加工、成型、烧结等工艺制成的制品。陶瓷是一种重要的建筑装饰材料，而且它是一种传统的艺术品。根据烧结程度，陶瓷又可分为瓷质、炻质、陶质三大类。

（二）陶瓷的原料

陶瓷的原料主要来自岩石及其风化物、黏土，这些原料大多是由硅和铝构成的，其中主要包括以下几部分。

（1）石英。其化学成分主要为二氧化硅。这种矿物可用来改善陶瓷原料过黏的特性。

（2）长石。以二氧化硅及氧化铝为主，又含有钾、钠、钙等元素的化合物。

（3）高岭土。高岭土是一种白色或灰白色有丝绢般光泽的软质矿物，以产于我国景德镇附近的高岭而得名，其化学成分为氧化硅和氧化铝。高岭土又称为瓷土，是陶瓷的主要原料。

（三）陶瓷的表面装饰工艺

陶瓷坯体表面粗糙，易沾污，装饰效果差。除紫砂地砖等产品外，大多数陶瓷制品都要表面装饰加工。最常见的陶瓷表面装饰工艺是釉面层、彩绘、饰金等。

二、瓷砖的种类

现在市场上装饰用的瓷砖，按照使用功能可分为地砖、墙砖、腰线砖等。不管是地砖还是墙砖,从材质上大致可以分为釉面砖、通体砖(防滑砖)、抛光砖、玻化砖、仿古砖和马赛克等几大类。

(一)釉面砖

釉面砖是在砖坯体表面加釉烧制而成的瓷砖,主体又分陶体和瓷体两种。用陶土烧制出来的背面呈红色,瓷土烧制的背面呈灰白色。釉面砖的鉴别除了看尺寸还要看吸水率。一般好的砖压机好,密度高,烧制温度高,吸水率也就小。釉面砖一般用于厨房和卫生间,色彩图案丰富,防滑性能好。釉面砖一般不是很大,但是可以很小,比如马赛克。目前的家庭装修约80%的购买者选此砖为地面装饰材料。釉面砖如图3-26所示。

(1)优点:釉面砖表面可以做各种图案和花纹,比抛光砖色彩和图案丰富,因为表面是釉料,所以耐磨性不如抛光砖。

(2)缺点:热胀冷缩容易产生龟裂,坯体密度过于疏松时,污水会渗透进其表面。

(二)通体砖

通体砖是一种不上釉的瓷质砖,有很好的防滑性和耐磨性。一般所说的"防滑地砖"大部分是通体砖。由于这种砖价位适中,颇受消费者喜爱,如图3-27所示。

图3-26 釉面砖

图3-27 通体砖

(1)优点:样式古朴,而且价格实惠,其坚硬、耐磨、防滑的特性尤其适合阳台、露台等区域铺设。其表面抛光后坚硬度可与石材相比,吸水率低。

(2)缺点:通体砖是一种耐磨砖,虽然现在还有渗花通体砖等品种,但相对来说,其花色比不上釉面砖。购买前还需要进行防滑测试。

(三)抛光砖

抛光砖就是通体砖坯体的表面经过打磨、抛光处理而成的一种光亮的砖,属于通体砖的一种。相对通体砖而言,抛光砖的表面要光洁得多。抛光砖坚硬耐磨,适合在除洗手间、厨房以外的多数室内空间中使用。在运用渗花技术的基础上,抛光砖可以做出各种仿石、仿木效果。抛光砖如

图3-28所示。

（1）优点：经过抛光工艺处理，原本的石材被打磨得光亮洁净，更加通透如镜面。使用抛光砖能够让整个空间看起来更加明亮。

（2）缺点：抛光砖因为光滑，所以不防滑，也就是说一旦地上有水了，就非常滑，这也是为什么一般楼梯等处铺的石材都不抛成亮光，而是亚光，因为只有这样才能防滑。同时，差的抛光砖液体容易渗入，不易擦拭。

（四）玻化砖

玻化砖是一种高温烧制的瓷质砖，是所有瓷砖中最硬的一种。玻化砖比抛光砖的工艺要求更高，要求压机更好，能够压制出更高的密度，烧制的温度更高，能够达到全瓷化。抛光砖和玻化砖都比较漂亮，耐磨性高，一般用于客厅。玻化砖如图3-29所示。

图3-28 抛光砖

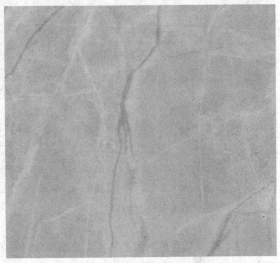
图3-29 玻化砖

（1）优点：玻化砖就是强化的抛光砖，表面一般不再需要抛光处理，能够一定程度解决抛光砖容易脏的问题。

（2）缺点：抛光砖和玻化砖因为表面光亮，所以漂亮，同时耐磨性高，但是存在色泽单一、易脏、不防滑和容易渗入有颜色液体等缺点，这两种砖一般都比较大，主要用于客厅、门厅等地方，很少用于卫生间和厨房等多水的地方。

（五）仿古砖

仿古砖不是我国建陶业的产品，是从国外引进的。仿古砖是从釉面砖演化而来的，实质上是上釉的瓷质砖。与普通的釉面砖相比，其差别主要表现在釉料的色彩上面，仿古砖属于普通瓷砖，与瓷片基本是相同的，所谓仿古，指的是砖的效果，应该叫仿古效果的瓷砖。仿古砖并不难清洁。唯一不同的是在烧制过程中，仿古砖技术含量要求相对较高，经数千吨液压机压制后，再经1 000 ℃以上高温烧结，强度高，具有极强的耐磨性。经过精心研制的仿古砖兼具防水、防滑、耐腐蚀的特性。仿古砖仿造以往的样式做旧，用带着古典的独特韵味吸引着人们的目光，为体现岁月的沧桑和历史的厚重，仿古砖通过样式、颜色、图案，营造出怀旧的氛围，如图3-30

所示。

（1）优点：仿古砖不难清洁、强度高，具有极强的耐磨性，兼具防水、防滑、耐腐蚀的特性，能营造出怀旧的氛围。

（2）缺点：花色容易过时；防污能力较抛光砖稍差。

（六）马赛克

马赛克大致上可以分为陶瓷马赛克、玻璃马赛克、金属马赛克三大种类。外形上马赛克以正方形为主，此外还有少量长方形和异形品种，如图3-31所示。

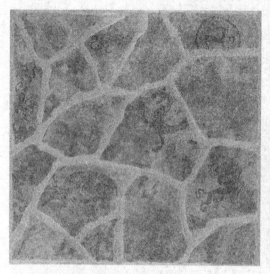

图3-30 仿古砖　　　　　　　　　　图3-31 马赛克

（1）陶瓷马赛克。陶瓷马赛克是最传统的一种马赛克品种，人们印象中的马赛克通常就是陶瓷马赛克。它的颜色和纹理相对单调，档次偏低，多用于卫生间、厨房、公共过道等室内空间的地面和墙面装饰。

（2）玻璃马赛克。玻璃马赛克是市场上较新的马赛克品种，通常用各类玻璃品种，经过高温再加工，熔制成色彩艳丽的各种款式和规格。玻璃马赛克具有玻璃独有的晶莹剔透、光洁亮丽的特性，在不同的采光下能产生丰富的视觉效果，所以在市场上很受欢迎。玻璃马赛克几乎具有装饰材料所要求的全部优点，可以用于任何空间，在实际应用中多用于卫生间等室内空间的墙面装饰。

（3）金属马赛克。金属马赛克是马赛克中的最新品种，也是马赛克中的贵族品种。金属马赛克的生产工艺非常多，通常是在陶瓷马赛克表面烧熔一层金属，也有的是在表面粘一层金属膜，最高档的采用真正的金属材料制成。金属马赛克价格相对较高，但装饰性很强，具有其他品种马赛克所不具有的独特金属光泽，可以用于各种空间，能够给人雍容华贵的感觉。

马赛克常用规格有20 mm×20 mm、25 mm×25 mm、30 mm×30 mm等，厚度为4~4.3 mm。

马赛克的优缺点如下：

（1）优点：耐酸、耐碱、耐磨、不渗水，抗压力强，不易破碎；色调柔和、朴实、典雅、美观大方,化学稳定性、冷热稳定性好,不变色、不积尘、密度小、黏结牢。

(2)缺点:马赛克缝隙太多,容易脏、难清洗。

三、瓷砖铺贴的概念

现代家庭装修中,瓷砖的应用领域越来越广,为美化空间起着其他材料无法替代的作用。大大小小、错落有致,甚至韵味十足的瓷砖,为设计者塑造灵性空间、展露个性风采提供了极大的想象空间。在墙面、地面装饰工程中,陶瓷地砖因其表面洁净、图案丰富、易于清理和价格实惠等特点深受市场的青睐。它是室内装饰材料最主要的品种,得到了广泛的应用。

四、瓷砖铺贴的常用工具

(1)常用工具:激光投线仪、云石机、瓷砖推刀、电钻搅拌机、角磨机、电锤、橡皮锤、水平尺等,如图3-32所示。

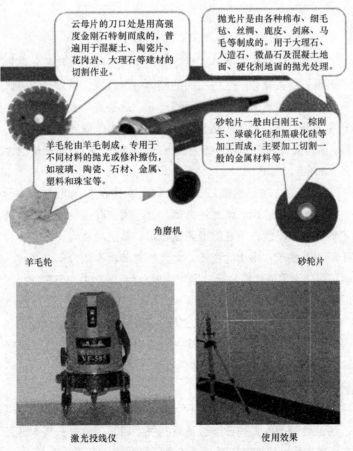

图3-32 瓷砖铺贴的常用工具

（2）其他工具：墨斗、钢卷尺、水平尺、铝合金靠尺、泥桶、铁锹、榔头、錾子、瓦刀、抹子、棉线、钢钉等，如图3-33所示。

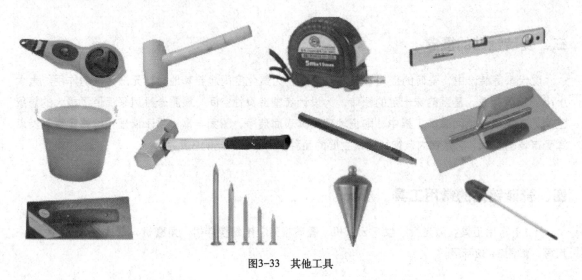

图3-33 其他工具

五、瓷砖的选购

目前，市场上主要有国产、合资和进口三类瓷砖，品牌和品种非常多，再加上瓷砖通常会在室内地面和墙面大面积铺设，将直接影响室内空间的整体装饰效果，所以选购瓷砖必须特别注意。市场上优质的进口瓷砖绝大多数为意大利和西班牙的产品，这些进口瓷砖相对更注重产品质量，通常只有合格与不合格产品之分，而不会把产品分为很多等级。由于瓷砖在生产工艺和款式上的不同，价格也存在很大差异。国产瓷砖价格一般为40~80元/m^2，合资产品的价格一般为80~150元/m^2，进口品牌的价格多为50~230元/m^2。

瓷砖的选择主要取决于业主自己的爱好、品位和预算等因素，但选择时要特别注意瓷砖的款式、颜色与室内整体风格的统一协调。同时还必须注意不同瓷砖品种的适用范围，例如，抛光砖、玻化砖等较光滑的瓷砖品种就不能使用在厨卫等易积水和易脏的空间。在瓷砖的尺寸选择上也需要注意，较大的空间不能用规格尺寸太小的瓷砖，太大的瓷砖也不适合于一些较小的空间。通常厨卫等多水空间的地砖多采用防滑的通体砖，尺寸通常为300 mm×300 mm左右。客厅、卧室等面积较大的空间则多用600 mm×600 mm、800 mm×800 mm尺寸的地砖。在一些面积较大的公共空间甚至可以采用1 000 mm×1 000 mm以上规格的瓷砖。瓷砖样板如图3-34所示。

瓷砖作为室内装饰的一种主材，在装修预算中占的比重通常较大，除了款式和品种外，在选购时还需要特别注意其内在品质。选购瓷砖需要注意以下几点。

（一）看耐磨性

挑选瓷砖时，可用铁钉或钥匙划其表面，不留痕迹的硬度高，其耐磨性能也相对较高；划痕较为明显的质量较差。耐磨性较差的瓷砖在经过长时间使用后，较易失去其本身光泽甚至露出坯体底色，对于釉面砖而言尤其容易出现这种问题。"一看"如图3-35所示。

图3-34 瓷砖样板

图3-35 "一看"

（二）看抗污性

用黑色中性笔画或将墨水和茶水泼到瓷砖表面，几分钟后擦拭，不留痕迹的耐污性强。如果擦不掉或擦除后明显还有痕迹，说明砖的抗污性能较差。有些商家会在砖面进行打蜡处理，表面的蜡会在一定程度上阻止油污的渗入，这时就必须将砖表面的蜡擦去再测试。

（三）看吸水率

吸水率指标越低越好，吸水率越低，说明砖的质地越细密，越能适应那些积水较多的空间，不容易因为吸水过多产生黑斑等问题。测试吸水率很容易，只要往瓷砖背面倒些水，如果水很快被吸收，说明砖体吸水率高，砖体较粗疏，如果水很难或很慢才渗入砖体，说明吸水率低，砖体较细密。

（四）看平整度

好的砖边直面平，这样的砖铺贴后才会平整美观。可以任意取出几块瓷砖拼合在一个平面上，看砖之间对角是否对齐，如对合不上，平整度就存在问题。还可以直接丈量瓷砖的对角线，如果两条对角线的长度相等则表明瓷砖的四角都是直角。将砖重叠检查瓷砖的平整度也是个很好的办法，好的砖任意抽取几块叠在一起，尺寸基本一致，如果差别较大，贴出来的就不可能整齐划一。

（五）看砖色差

随意取几块瓷砖拼放在一起，在光线下观察，好的产品色差小，产品之间色调基本一致；差的产品色差较大，产品之间色调深浅不一。色调深浅不一的砖铺装后对整体装饰效果影响极大。这里需要特别注意的是，在购买瓷砖时要比实际预算多买几块，以避免施工时砖有过多的损耗，再次购买时很可能买不到同批次的瓷砖（因不同生产批次瓷砖间可能会有色差）。

（六）听声音

好的瓷砖敲击时声音比较清脆、响亮，而不好的瓷砖敲击时声音低沉。拿一块砖去敲另一块，或用其他硬物去敲一下砖，如果砖的声音清脆、响亮，类似敲金属的声音，说明砖的质最好、烧得熟；如果声音异常，说明砖内有重皮或裂纹。这种砖可能没有烧透，里面可能呈灰黑色，而这种问题从表面上看不出来，只有听声音才能鉴别。不过非专业人士很难用得上这个办法，因为普通人听得少,很难听出它们之间的差异来。"二听"如图3-36所示。

(七)看砖表面

质量好的瓷砖的表面纯净,花色清晰,将手放在砖面上,轻轻滑动,手感细腻;瓷砖表面应光亮,无针孔、釉泡、缺釉、磕碰等缺陷。

(八)查看检测报告

在挑选瓷砖时,可以通过查看商家提供的检测报告、认证证书等辨别瓷砖质量。检测报告上一般有各种国家检测单位和实验室的认证章,这些认证章代表了某种资质,这些章级别越高越多越好。但也不是绝对的,因为这种检测报告也很容易造假,所以最好选购那些正规品牌的产品,正规品牌的瓷砖除能保证质量外,售后服务也相对较为完善。

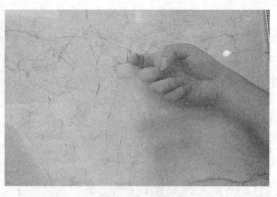

图3-36 "二听"

六、瓷砖用量的计算

瓷砖多是按块出售的,也有按照面积以平方米出售的。购买瓷砖前应精确计算要铺贴的面积和需要的块数,毕竟现在质量稍微好点的瓷砖一块动辄需要七八十元,精确的计算可以减少浪费。现在不少瓷砖专卖店备有换算图表,购买者可根据房间的面积查出所需的瓷砖数量。有的图表只需要知道贴瓷砖的墙面的高度和宽度即可查出瓷砖用量。同时,瓷砖的外包装箱上也标明单箱瓷砖可铺贴的面积。在测算好实际用料后,还要加上一定数量的损耗。损耗需要根据室内空间转角的多少而定,但通常将损耗定在总量的5%左右即可。

以长4 m、宽3 m的房间铺地砖为例,采用600 mm×600 mm规格的地砖,其计算法则:

(房间长度÷砖长)×(房间宽度÷砖宽)=用砖数量

(房间长)4 m÷(砖长)0.6 m≈7(块);

(房间宽)3 m÷砖宽(0.6 m)≈5(块);

(长)7块×(宽)5块=(用砖总量)35(块);

35块加上通常5%左右的损耗(约为2块),那么这个房间铺装的数量大致为37块。

还可以采用房间面积除以地砖面积的方法来算出用砖数量,但精确度不如上面这种方法。

七、瓷砖铺贴的施工工序

(一)地砖规格及施工流程

在楼地面工程中,陶瓷地砖因其表面洁净、图案丰富、易于清理和价格实惠深受市场的青睐,是室内装饰地面饰材最主要的品种,得到了最广泛的应用。地砖常使用300 mm×300 mm、400 mm×400 mm、500 mm×500 mm、600 mm×600 mm、800 mm×800 mm、1 000 mm×1 000 mm的正方形幅面,但现在市场上也出现越来越多的长方形规格的地砖,如300 mm×600 mm的。地砖尺寸大小的选择要根据空间大小来定。小空间不能用大尺寸,否则容易给人比例不协调的感觉。一般客厅等较开阔的空间可选择尺寸较大的地砖,而厨房、卫生间等较小的空间宜采用300~400 mm的地砖。

地砖的铺贴方法有如下两种。

1. 湿法铺贴

(1)把现场清洗干净,先洒适量的水以利施工,如图3-37所示。

(2)将42.5级水泥与砂以1:3的比例混合成水泥砂浆,水泥砂浆以25~35 mm厚铺于地面,抹平,如图3-38所示。

(3)以长约1 m的木尺打底,将砂浆彻底抹平。

(4)放样线。

(5)在施工地面上撒水泥粉,把水泥粉拨弄均匀。

(6)撒上少量水泥粉,以增加水泥砂浆的粘贴性。

(7)铺砖:先使瓷砖与铺贴面呈一定角度(约15°),然后用手往水平方向推,使砖底与砖面平衡,这样便于排除气泡;然后用手锤柄轻敲砖面,让砖底能全面吃浆,以免产生空鼓现象;再用木槌把砖面敲至平衡,同时,以水平尺测量,确保瓷砖铺贴水平,如图3-39、图3-40所示。

图3-37 清洗现场

图3-38 铺水泥砂浆

图3-39 试拼

图3-40 确保铺贴水平

（8）嵌缝：建议使用优质嵌缝剂进行嵌缝；为防止落污，建议采用优质防污剂（有机硅类型）对嵌缝进行防污处理。

2. 干法铺贴

由于湿法铺贴的美观效果不佳，难度大，现在多采用干法铺贴。

（1）将地面层洒水湿润。

（2）涂刷水灰比为1∶（0.4~0.5）的水泥浆一道，随刷随铺水泥浆找平层，找平层为1∶3的干硬性水泥砂，其表面应保持干燥（含水率≤9%）。

（3）用砖试铺找平后厚度为25 mm左右，撒上水泥浆。

（4）洒浆后与基础面贴密实，并用水平尺测量，确保瓷砖铺贴水平。

（二）墙面砖规格及施工流程

墙面贴砖是一种最常见的装饰方式。陶瓷墙砖和陶瓷地砖种类大体上是一样的，稍有不同的是应用和施工，墙面用瓷砖多是用在厨房或者卫生间等对于清洁和防水有较高要求的空间墙面中，而且墙面用瓷砖常见规格多为300 mm×450 mm、300 mm×600 mm等。此外，陶瓷墙面砖一般还配有专门的腰线砖，腰线砖规格一般为60 mm×200 mm。腰线砖的作用是用在墙砖中间，增加满贴墙砖的墙面的层次感，使得墙面不那么单调。

墙面砖的铺贴方法如下：

（1）弹线：吊垂直和方正，根据墙体的规格和尺寸与设计要求，弹出贴砖控制线或分格线，如图3-41所示。

（2）贴标准点：依据垂直和方正吊线用泥饼贴标准点，控制墙砖的出墙厚度和平整度。

（3）选砖、排砖、对墙面砖进行挑选、预排，确定非整砖部位，对门窗洞口上下和两侧要事先计划砖排列方法，如图3-42所示。

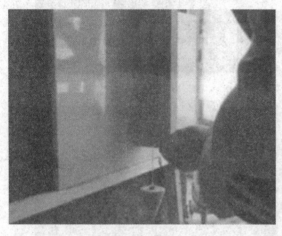

图3-41 弹线

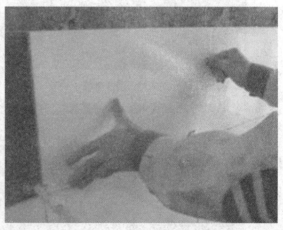

图3-42 试拼

（4）浸砖：将瓷砖以清水浸泡2 h以上，取出阴干备用。

（5）镶贴墙砖：根据弹线留出的扫地砖分格安放靠尺，从分格线自下向上逐行镶贴，在砖体背面满铺水泥砂浆，砂浆厚度6~15 mm，贴上后用手锤敲击至四角平整，调整横竖缝隙和平整度。

（6）通缝：一排墙砖镶贴稳固后，用开刀进行通缝，清除缝内残存水泥砂浆。

（7）勾缝：将白水泥或勾缝剂调成膏状，先勾水平缝，后勾竖缝，如图3-43所示。

（8）如果砖缝小于3 mm或无缝镶贴，用勾缝剂做擦缝处理，擦缝后，用软布或棉丝将墙砖表面擦拭干净，如图3-44所示。

图3-43 勾缝

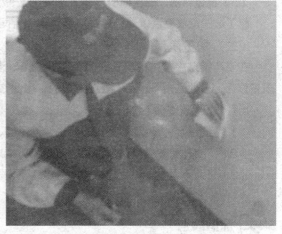

图3-44 擦拭表面

铺贴时需注意的问题如下：

（1）留缝：根据需要及美观性，留缝可为2 mm以上，抛光砖与墙体衔接处留缝3~5 mm。在楼梯、立柱、走廊以及墙面等的边沿处，也应留缝1~3 mm。

（2）嵌缝：地面与墙面铺贴后，瓷砖接缝间隙应注意及时清洗，嵌缝工作应至少在24 h后进行，嵌缝前应湿润瓷砖边缘并使用瓷砖专用胶粘剂，若用水泥浆嵌缝时，用1∶1水泥浆，并以合适的工具灌浆，确保瓷砖铺贴水平。

（3）铺贴时间：干法铺贴应在基底凝实后进行，铺贴1 h左右（视气候及水泥凝结程度）要及时用木糠或海绵将水泥浆擦干净，避免表面藏污时间过长，难以清理。铺贴12 h后，用木槌敲击砖面，检查是否有空鼓现象。如出现"空空"的声音，则证明有空鼓，该砖须重贴。

（4）重贴时，先用切割工具沿砖距离边缘5~8 mm的地方切割出一条缝，然后用木槌轻敲瓷砖，令砖底与黏结层尽量松离，再用薄铁片等工具揭起小块瓷砖，这样才能方便地解开空鼓瓷砖且不损害周边瓷砖。

八、瓷砖铺贴工程验收

（一）验收要点

（1）检查瓷砖铺设是否牢固、有无空鼓现象。方法就是用手或者木槌轻轻敲击瓷砖表面，听有没有空响的声音，如果有则说明瓷砖下面水泥砂浆未抹均匀或用量不够，导致空鼓现象的发生。

（2）肉眼观察瓷砖之间的接缝是否平直、间隙大小是否一致、勾缝剂是否饱满、颜色是否一致、阴阳角处搭接的方向是否正确。

（3）用水平尺靠在瓷砖表面，通过观察水平尺与瓷砖之间的接触缝隙，可检查瓷砖铺设的平面度情况。

（4）仔细检查瓷砖表面有无裂纹、翘起、掉角现象，尤其注意瓷砖花纹图案铺法是否正确。非整砖铺贴位置应适当，排列平直，边缘整齐。

（5）检查厨房、卫生间的地面下水坡度是否合适，水流是否顺畅。

除了这些验收要点以外，还需要参照家装合同中约定的相关规定进行验收。

（二）常见质量缺陷

在瓷砖铺贴中常见的质量缺陷为空鼓脱落、变色、接缝不平直和表面裂缝等。有些是瓷砖自身质量原因，多数是由于施工不规范造成的，因此在施工的检查与验收中要格外注意。

出现质量缺陷的原因如下：

（1）空鼓脱落：砂浆不充实、砖块浸泡不够、基层处理不净。

（2）色变：瓷砖质量差、釉面过薄或人为造成。

（3）接缝不平直：瓷砖规格差异、施工不当。

1. 地面砖铺设过程应避免哪些问题？
2. 简述墙体砌筑的施工流程。
3. 地面防水工程应注意哪些事项？

第四章 吊顶工程

本章知识点

本章主要介绍室内装饰吊顶工程的工艺,包括木质吊顶、轻钢龙骨轻质板吊顶、金属材料吊顶和单体构件吊顶,以及其他类型吊顶。

学习目标

通过本章的学习,了解木质吊顶工程的工序及工艺,以及不同种类的吊顶的施工工序和各自的施工特点,重点掌握轻钢龙骨轻质板吊顶的安装方法和施工工艺。

吊顶工程是指吊顶和顶棚装饰,它是室内六大面设计的一个重要方面。吊顶顶棚装饰是现代建筑装饰必不可少的组成部分,除了考虑美观性外,吊顶顶棚装饰还有很多功能上的要求。现代装饰中室内管线越来越多,为了检修的方便,很多管线材料就设在室内空间的顶部,所以在顶棚制作吊顶还可以起到一个很好的遮挡作用,除此之外室内吊顶还可以起到吸声、隔热的作用。

吊顶顶棚用装饰材料很多,比如乳胶漆、玻璃、各种饰面材料等均可用于吊顶顶棚装饰,其中乳胶漆还是吊顶顶棚装饰的主要材料。常见的吊顶材料有石膏板、铝扣板、PVC板、胶合板、玻璃、硅钙板和矿棉板等。

第一节 石膏板吊顶施工

一、石膏板吊顶的概念

石膏板吊顶,就是在吊顶工程中运用主材为石膏板进行的吊顶。石膏板吊顶主要有两种施工方法：一种是木龙骨吊顶，一种是轻钢龙骨吊顶。石膏板种类很多，除了广泛地应用于吊顶的制作外，还是隔墙施工的主要材料。石膏板的主要品种有纸面石膏板、装饰石膏板、吸声石膏板等，我们常说的石膏板通常都是指纸面石膏板，如图4-1所示。

图4-1 石膏板

二、石膏板吊顶的常用材料

（一）石膏板

石膏板是目前家居装修中应用最广泛的一类吊顶装修材料，石膏板具有良好的装饰效果和较好的吸声性能，价格较其他装修材料低。

石膏吊顶装饰板的图案很多，主要有带孔、印花、压花、贴砂、浮雕等，用户可根据使用场所需要及个人的审美观念来选择。石膏板吊顶图案、颜色若选择得当，搭配相宜，则装修效果大方、美观、新颖，给人以舒适、清雅、柔和的感觉。

以半水石膏和护面纸为主要原料，掺加适量纤维、胶粘剂、促凝剂、缓凝剂，经料浆配置、成型、切割、烘干而成的轻质薄板，称为纸面石膏板。纸面石膏板主要用于建筑物内隔墙，有普通纸面石膏板、耐水纸面石膏板、耐火纸面石膏板三类。普通纸面石膏板是以建筑石膏为主要原料，掺入纤维和添加剂构成芯材，并与护面纸板牢固结合在一起的轻质建筑板材。耐水纸面石膏板是以建筑石膏为主要原料，掺入适量耐水外加剂构成耐水芯材，并与耐水的护面纸牢固黏结在一起的轻质建筑板材。耐火纸面石膏板是以建筑石膏为主要原料，掺入适量无机耐火纤维增强材料构成芯材，并与护面纸牢固黏结在一起的耐火轻质建筑板材。

纸面石膏板的规格有长1 800 mm、2 100 mm、2 400 mm、2 700 mm、3 000 mm、3 300 mm和3 600 mm；宽900 mm、1 200 mm；厚9 mm、12 mm和15 mm。此外，纸面石膏板还有厚度为18 mm的产品，耐火纸面石膏板还有厚度为18 mm、21 mm和25 mm的产品，如图4-2所示。

普通纸面石膏板或耐火纸面石膏板一般用作吊顶的基层，故必须做饰面处理。纸面石膏装饰吸声板用作装饰面层，纸面石膏板适用于住宅、宾馆、

图4-2 石膏板

商店、办公楼等建筑的室内吊顶及墙面装饰，但在厕所、厨房以及空气相对湿度经常大于70%的潮湿环境中使用时，必须采用相应的防潮措施。

石膏板的选购方法如下：

（1）目测。应在0.5 m远处光照明亮的条件下，对板材正面进行目测检查。先看表面，表面应平整光滑，不能有气孔、污痕、裂纹、缺角、色彩不均和图案不完整现象，纸面石膏板上下两层牛皮纸需结实，可预防开裂且打螺钉时不至于将石膏板打裂；再看侧面，看石膏质地是否密实，有没

有空鼓现象，越密实的石膏板越耐用。

（2）用手敲击。检查石膏板的弹性，用手敲击，发出很实的声音说明石膏板结实耐用，如发出很空的声音说明板内有空鼓现象，且质地不好。用手掂分量也可以衡量石膏板的优劣。

（3）尺寸允许偏差、平面度和直角偏离度。尺寸允许偏差、平面度和直角偏离度要符合标准，装饰石膏板如偏差过大，会使装饰表面拼缝不整齐，整个表面凹凸不平，对装饰效果会有很大的影响。

（4）看标志。在每一包装箱上，应有产品的名称、商标、质量等级、制造厂名、生产日期以及防潮、小心轻放和产品标记等标志。购买时应重点查看质量等级标志。装饰石膏板的质量等级是根据尺寸允许偏差、平面度和直角偏离度划分的。

（二）木龙骨

木龙骨是家庭装修中最为常用的骨架材料，被广泛地应用于吊顶、隔墙、实木地板骨架制作中。木龙骨的木方主要由松木、椴木、杉木、进口烘干刨光的木材加工成截面长方形或正方形的木条。木龙骨是装修中常用的一种材料，有多种型号，用于撑起外面的装饰板，起支架作用。吊顶的木龙骨一般采用松木龙骨较多。木龙骨有长3.66 m，截面1.8 cm×3 cm、3 cm×3.8 cm、3.8 cm×4 cm等多种规格，如图4-3所示。

购买木龙骨时会发现商家一般是成捆销售，这时一定要把捆打开一根根挑选。应选择干燥的木龙骨，湿度大的木龙骨非常容易变形开裂；选择结疤少、无虫眼的木龙骨，否则木龙骨很容易从这些地方断裂。把木龙骨放到平面上挑选无弯曲平直的。经常有商家说的8 cm见方的木龙骨其实只有6 cm见方，所以应测量木龙骨的厚度，看是否达到需求的尺寸。

（三）轻钢龙骨

轻钢龙骨是一种应用广泛的建筑材料，用于宾馆、候机楼、客运站、游乐场、商场、工厂、办公楼、顶棚等场所。轻钢（烤漆）龙骨吊顶具有密度小、强度高、防水、防震、防尘、隔声、吸声、恒温等功效，同时还具有施工简便、工期短等优点，如图4-4所示。

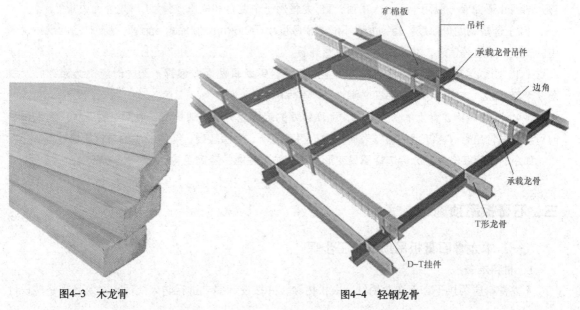

图4-3　木龙骨　　　　　　　　　　图4-4　轻钢龙骨

轻钢龙骨是以优质的连续热镀锌板为原材料，经冷弯工艺轧制而成的建筑用金属骨架，用于以纸面石膏板、装饰石膏板等轻质板材做饰面的非承重墙体和建筑物屋顶的造型装饰。它适用于多种建筑物屋顶的造型装饰、建筑物的内外墙体及棚架式吊顶。

轻钢龙骨按用途分为吊顶龙骨和隔断龙骨，按断面形式分为V形、C形、T形、L形、U形龙骨。隔断龙骨主要规格为Q50、Q75和Q100。吊顶龙骨主要规格为D38、D45、D50和D60。吊顶龙骨吊件及规格如图4-5所示。

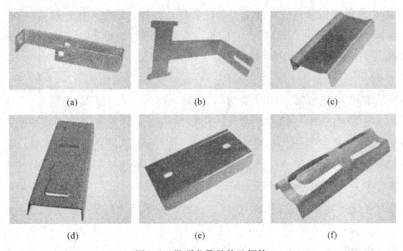

图4-5 吊顶龙骨吊件及规格
（a）60主吊；（b）60吊挂；（c）50副接；（d）50主接；（e）60主接；（f）38主接

轻钢龙骨的选购方法如下：

（1）选断面形状：选择轻钢龙骨的时候，先要根据自己的用途选择对应的形状。U形龙骨和C形龙骨都属于承重型龙骨，可做隔断龙骨。U形龙骨作为主龙骨支撑，C形龙骨作为横撑龙骨卡接。T形龙骨和L形龙骨一般用于不上人吊顶，T形龙骨用于主龙骨和横撑龙骨，L形龙骨为边龙骨。

（2）选轻钢龙骨厚度：轻钢龙骨不能选择厚度小于0.6 mm的产品。选购时可看产品的规格说明中的长度、厚度等信息，并通过肉眼和手感判断。

（3）检查轻钢龙骨镀锌工艺：为防止生锈，轻钢龙骨两面应镀锌，选择时应挑选镀锌层无脱落、无麻点的。这样的合格产品在防潮性上才有保障。

（4）观察轻钢龙骨上的"雪花"，品质较好的轻钢龙骨经过镀锌后，表面呈雪花状。选购吊顶时可注意龙骨是否有雪花状的镀锌表面，雪花图案清晰、手感较硬、缝隙较小的龙骨质量较好。

如今的家庭装修大部分会选择不易变形、具有防火性能的轻钢龙骨。

三、石膏板吊顶施工

（一）木龙骨石膏板吊顶的施工步骤

1. 材料准备

木龙骨料应为烘干、无扭曲的红、白松树种，并按设计要求进行防火处理。木龙骨规格按设计要求确定，如设计无明确规定时，大龙骨规格为50 mm×70 mm或50 mm×100 mm；小龙骨规格为50 mm×50 mm或40 mm×50 mm；木吊杆规格为50 mm×50 mm或40 mm×40 mm。

2. 石膏板吊顶骨架安装

（1）选用相应的零件、材料及工具，在结构基层上，按设计要求弹线，确定龙骨及吊点的位置和吊顶标高；在墙面和柱面上弹出清晰的标高线。注：主龙骨端部或接长部位增设吊点，标高线的位置要准确。

（2）确定吊点和标高线以后，在吊点位置点处固定吊杆，用吊杆连接固定龙骨，吊杆端头螺纹部分长度大于等于30 mm，以便于有较大的调节量。所有吊杆整齐一致，符合明配安装要求。

（3）在安装吊杆时，木制拱廊部分吊杆间距小于1 m，微孔铝板部分、石膏板部分吊杆间距小于等于1.2 m。

（4）完成以上步骤就可以进行龙骨的安装了，按照先主后次的顺序，先将主龙骨与吊杆连接固定，然后按标高线调整主龙骨的标高，使其在同一水平面上。注：一般应按装饰板材的尺寸在主龙骨底部弹线，用挂件固定，并使其固定严密，不得有松动。

（5）为防止主龙骨向一边倾斜，次龙骨应垂直于主龙骨安装。预留孔洞、吊灯等处的补强应符合设计要求，否则后期安装吊灯时非常麻烦。

3. 吊顶罩面板安装

吊顶罩面板安装前一定要检查是否完成安装前的准备和是否符合吊顶罩面板安装的条件。满足所有条件后方可按安装要求弹线，最后安装。罩面板不得有悬臂现象，应增设附加龙骨固定。

4. 石膏板安装

石膏板安装采用螺钉安装法。石膏板的长边与次龙骨呈交叉状态，使端边落在次龙骨中央部位。石膏板从吊顶的一端开始错缝安装，逐块排列，余量放在最后安装。

木龙骨石膏板吊顶时要严格按照步骤施工，施工的过程中，各种注意事项要牢记于心，时刻注意和检查，才能打造出完美的石膏板吊顶，整个木龙骨石膏板吊顶施工才能达到最佳程度，如图4-6~图4-12所示。

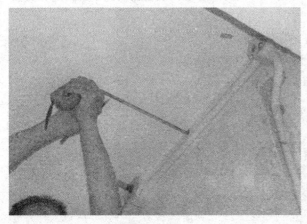

图4-6 测量

图4-7 打眼

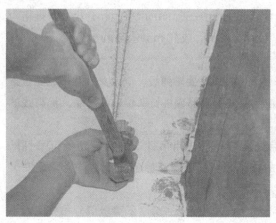
图4-8 固定挂件

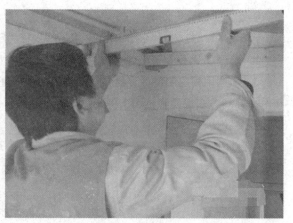
图4-9 测水平

图4-10 固定弧形挂件

图4-11 固定弧形造型板

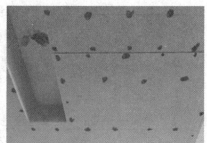
图4-12 刮平螺钉眼

（二）轻钢龙骨石膏板吊顶的施工步骤

1．准备工作

（1）在吊顶工程施工前应熟悉施工图及设计说明。

（2）在吊顶工程施工前应熟悉现场。

①施工前应按设计要求对房间净高、洞口标高和吊顶内的管道、设备及其支架标高进行交接检验。

②对吊顶内的管道、设备的安装及管道试压进行验收。

（3）在吊顶工程施工中应做好各项施工记录，收集好各种有关文件：

①进场验收记录和复验报告、技术交底记录。

②材料的产品合格证书、性能检测报告。

（4）按设计要求选用龙骨及配件和罩面板，材料品种、规格、质量应符合设计要求。

（5）对人造板材的甲醛含量进行复检，检测报告应符合国家环保规定要求。

（6）吊顶工程中的预埋件、钢筋吊杆和型钢吊杆应进行防锈处理。

2．施工工艺流程

吊顶标高弹水平线→画龙骨分档线→安装水电管线并调试→安装主龙骨→安装次龙骨→安装罩面板→安装压条。

（1）弹线：用水准仪在房间内每个墙角上抄出水平点，弹出水准线，从水平线量至吊顶设计高度加上12 mm（一层石膏板厚），用墨线沿墙弹出水准线，即主次龙骨的下皮线。同时，按吊顶平面图，在顶板弹出主龙骨的位置。主龙骨应从吊顶中心向两边分，最大间距为1 000 mm。并标出吊杆的固定点，吊杆固定点间距为900～1 000 mm，如遇到梁和管道，固定点大于设计和规程要求，应增加吊杆的固定点。

（2）固定吊挂杆件：采用膨胀螺栓固定吊挂杆件，不上人的吊顶，吊杆长度小于1 000 mm，可采用φ6吊杆；如大于1 000 mm，应采用φ8吊杆，还应设置反向支撑，如图4-13、图4-14所示。

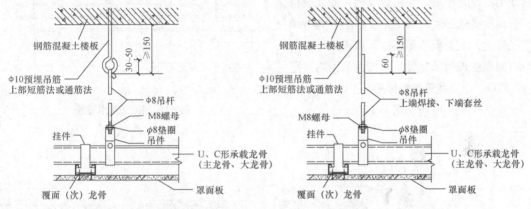

图4-13 上人吊顶吊点紧固方式及悬吊构造节点

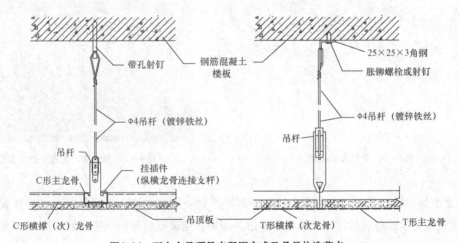

图4-14 不上人吊顶吊点紧固方式及悬吊构造节点

（3）安装边龙骨：边龙骨的安装应按设计要求弹线，沿墙上的水平龙骨线把L形镀锌轻钢条用自攻螺钉固定在预埋木砖上，如为混凝土墙（柱）可用射钉固定，射钉间距应不大于吊顶次龙骨的间距。

（4）安装主龙骨：

①主龙骨应吊挂在吊杆上，主龙骨间距为900～1 000 mm，主龙骨宜平行房间长向安装，同时

应起拱，起拱高度为房间跨度的1/200～1/300。主龙骨悬臂段不应大于300 mm，否则应增加吊杆。主龙骨接长应采取对接，相邻龙骨的对接头要相互错开，主龙骨挂好后应基本调平。

②跨度大于15 m的吊顶，应在主龙骨上，每隔15 m加一道大龙骨，并垂直主龙骨焊接牢固。

（5）安装次龙骨：次龙骨应紧贴主龙骨安装，次龙骨间距为300～600 mm。用T形镀锌铁片连接件把次龙骨固定在主龙骨上时，次龙骨两端应搭在L形边龙骨的水平翼缘上。墙上应预先标出次龙骨中心线的位置，以便安装罩面板时找出次龙骨位置。当用自攻螺钉安装板材时，板材接缝处必须安装在宽度不小于40 mm的次龙骨上，次龙骨不得搭接。在通风、水电等洞口周围应设附加龙骨，附加龙骨的连接用拉铆钉铆固。主次龙骨连接如图4-15所示。

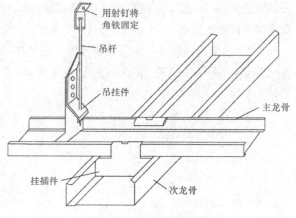

图4-15　主、次龙骨连接

龙骨安装如图4-16、图4-17所示。

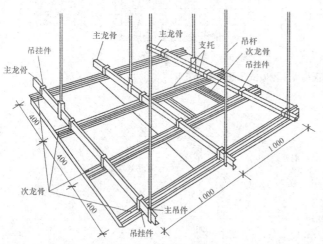

图4-16　龙骨安装示意

图4-17　集成吊顶龙骨安装示意图

（6）罩面板安装：罩面板应在自由状态下固定，防止出现弯棱、凸鼓的现象。石膏板的长边应沿纵向次龙骨铺设；自攻螺钉与纸面石膏板边的距离，用面纸包封的板边以10～15 mm为宜，切割的板边以15～20 mm为宜。固定次龙骨的间距，一般不应大于600 mm，钉距以150～170 mm为宜，螺钉应与板面垂直，已弯曲、变形的螺钉应剔除，并在相隔50 mm的部位另安螺钉，石膏板的接缝，应按设计要求进行板缝处理。

纸面石膏板与龙骨固定，应从一块板的中间向板的四边进行，不得多点同时作业，螺钉头宜略埋入板面，但不得损坏板面，钉眼应做防锈处理并用石膏腻子抹平。

轻钢龙骨与木龙骨比较如下：

轻钢龙骨不会受潮、变形，但是不方便做复杂造型，故而在家装中多采用木龙骨，因为木龙骨方便做各种造型，但要刷上防潮和防火涂料。在公共装饰里大的商场酒店都是用轻钢龙骨，而且用的都是可上人的龙骨（主龙骨60 mm×27 mm×1.2 mm），以方便后期设备维护。两种龙骨各有利弊，未来使用轻钢龙骨是大趋势。

第二节　金属板吊顶施工

一、金属板吊顶的概念

金属板主要由铝合金薄板经冲压成型，具有轻质、高强、色泽明快、造型美观、耐冲击能力强、不易老化、易安装等优点，是一种高档的装饰材料。由于铝合金吊顶暴露在空气中易发生氧化反应，因此要经过特殊处理使其表面产生一道薄膜，从而达到保护与装饰的双重作用。目前采用较多的是阳极氧化膜及漆膜。阳极氧化膜是将铝板经过特殊工艺处理，在铝材表面制取一层比天然氧化膜厚得多的氧化膜层。它经过氧化、电解着色、封孔处理等工序，在型材表面产生一层光滑、细腻，具有良好附着力、表面硬度及色彩的氧化膜，目前常用的色彩有古铜色、金色、银白色、黑色等。氧化膜的厚度和质量是评判铝合金板质量的一项重要技术指标。漆膜就是在型材表面刷一层漆，形成一层保护膜。为了使铝合金表面的漆膜牢固，必须对型材表面进行清洗、打磨、氧化等处理，然后进行烤漆或其他涂饰。

二、金属板吊顶的常用材料

（一）铝扣板

铝扣板是用轻质铝板一次冲压成型，外层再用特种工艺喷涂漆料制成的，因为是一种铝制品，同时在安装时通常都是扣在龙骨上，所以称为铝扣板。铝扣板一般厚0.4~0.8 mm，有条形、方形、菱形等形状。铝扣板防火、防潮、易擦洗，同时价格便宜，施工简单。再加上其本身所独有的金属质感，美观且实用，是现在室内吊顶制作的一种主流产品。铝扣板在公共空间（如会议厅、办公室）被大量应用，特别是在家居中的厨房、卫生间更是被普遍采用，处于一种统治地位。铝扣板吊顶如图4-18所示。铝扣板一般分为家装板和公装板两大类，家装板相对于公装板来看，颜色亮丽多样，可选板型较多，做工更为精细，且产品更新较快。

图4-18　铝扣板吊顶

1．喷涂板、辊涂板、覆膜板和钛金板

当前市场上，家装铝扣板按制作工艺大体分为四种：

（1）喷涂板属于较早出现的类型，多年前就已流行于家装市场，现已逐渐被覆膜板所取代，目前在公装市场上用量较大。其制作工艺是表面喷涂选用纯聚酯粉末，板面颜色为白色、浅黄色、浅蓝色。

（2）辊涂板引进高科技，配合高性能的辊涂加工工艺，可有效地控制板材的精度、平整度，有效地消除传统喷涂工艺铝扣板表面的凹陷和褶皱，令装饰建筑色泽均匀、光洁亮丽。

（3）覆膜板是使用近年来家装铝扣板市场上较为流行的工艺制作而成的。覆膜又分为珠光覆膜和亚光覆膜。其制作工艺是选用进口PET膜或PVC膜与复涂彩色涂料复合而成，表面花纹色彩丰富，具有抗磨、耐污渍、方便擦洗等优点。相对其他工艺，覆膜工艺具有手感好和可供选择的多彩面的表面花色，改变了金属板给人的冰冷单一的表面感觉。覆膜板主要适用于现代家装的厨房、卫生间和阳台，深受家庭装饰喜爱。

（4）钛金板是刚进入家装市场较高档的铝扣板，其制作工艺是采用独特的阳极化处理，是对旧有的电气化学光亮处理技术进行的革命性突破，能够有效地保护物料免受侵蚀，抗静电、不吸尘且容易清洗，防火并具有优良的散热性，阳极化工艺表面永不脱落，特别适合家居选用，正逐渐成为家装铝扣板业新宠。

2．条形板、方形板和格栅板

家装铝扣板按板形大体分为条形板、方形板和格栅板。

（1）条形铝扣板。条形铝扣板，因其线条简洁明快，富有变化，且搭配灵活，易装易拆，维修方便，因此深受人们的喜爱。条形铝扣板的长度一般是3 m、4 m，宽度为150～300 mm，厚度为0.7～1.2 mm，规格多样，如图4-19所示。

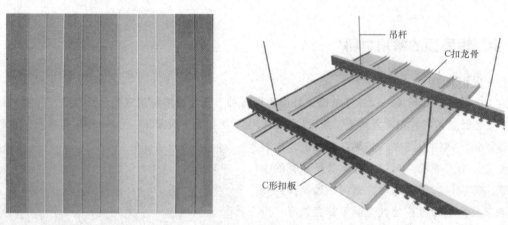

图4-19　条形铝扣板

（2）方形铝扣板。其规格一般有600 mm×600 mm、300 mm×300 mm、600 mm×1 200 mm、300 mm×1 200 mm，较大的公共场所装饰一般选用长条形板材，线条流畅，整体感更强，对小房间的装饰可选用300 mm×300 mm的板材。

（3）格栅板。其通风效果好，且可内置LED灯，层次丰富，有开阔的立体效果。格栅板不适用于厨房、卫生间吊顶，主要用于酒店、商场、超市、行政楼房等公共场所，如图4-20所示。

3. 铝扣板的选购

（1）厚度。铝扣板厚度为0.4～0.8 mm，主要有0.4 mm、0.6 mm、0.8 mm三种，相对而言是越厚越好，越厚其弹性和韧性就越好，变形的概率越小，通常应该选用0.6 mm厚度的铝扣板，可以用拇指按一下铝扣板测试其厚度和弹性。

图4-20 格栅板吊顶

（2）外观。铝扣板表面光洁，侧面看铝扣板的厚度应一致。铝扣板的外表处理工艺有喷涂、辊涂和覆膜三种，其中覆膜质量最好，但现在市面上也有一种珠光辊涂铝扣板是模仿覆膜铝扣板外观制作出来的，单看外表很难区分。最好的办法就是用打火机将面饭熏黑，再用力擦拭，能擦去的是覆膜板，而辊涂板怎么擦都会留下痕迹。

（3）铝材。有些商家会用铁来仿制铝扣板，可以使用磁铁来验证，铝扣板是不会吸附磁铁的。

（二）不锈钢扣板

不锈钢扣板分喷色不锈钢扣板和固有色不锈钢扣板两大类。喷色不锈钢扣板通过喷涂、抛光等工艺处理，光洁艳丽，色彩丰富。固有色不锈钢扣板有太空银、亚光银、彩金、玫瑰金等颜色。由于不锈钢扣板耐久性强，不易变形、开裂，也可以用于公共空间吊顶与墙面造型装修。不锈钢扣板与传统的吊顶材料相比，在质感和装饰感方面更优。

不锈钢扣板表面常用磨砂、镜面、钛金蚀花板面，产品坚固耐用，外观豪华、光彩夺目、高雅大方。不锈钢扣板可以根据设计要求定制任意尺寸、任意形状、任意难度，如双曲面、球形面等。其适用于楼宇大堂、候机楼、重要公共设施、体育场馆、高档办公室、会议室等场合，如图4-21所示。

图4-21 不锈钢扣板

三、金属板吊顶施工工序

金属板吊顶多是搭配轻钢龙骨进行安装的。轻钢龙骨是以薄壁镀钢带、薄壁冷轧退火卷带为原料，经冷弯或冲压而成，具有自重小，刚度大，防火、抗震性能好，节约木材，安装简便，施工快等特点，而且可制作安装大面积大型空间的吊顶。轻钢龙骨主要有V形和T形两种，下面以T形轻钢龙骨为例进行详细介绍。T形轻钢龙骨吊顶是由大龙骨、中龙骨和小龙骨等主件及吊挂件、接插件、挂插件等各种零配件装配而成的。集成吊顶如图4-22所示。

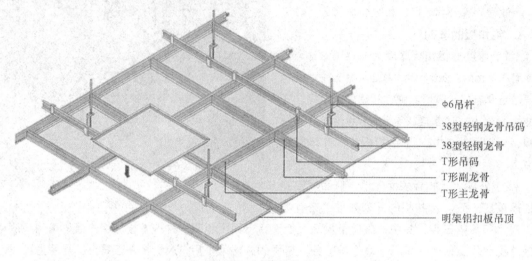

图4-22　集成吊顶

T形轻钢龙骨吊顶施工包括弹线定位、安装吊杆、安装龙骨及零配件等。

（1）根据设计标高沿墙四周弹水平线，作为吊顶的定位线。

（2）安装吊杆（图4-23）。通常用Φ6～Φ10的钢筋制上端，与预埋件或膨胀螺栓焊牢，下端套丝，配好螺母。

（3）大型吊顶，大龙骨用吊挂件与吊杆相连，通过拧动吊杆上的螺母调整其高度。中龙骨用中吊挂件挂在大龙骨下面，中龙骨之间的间距由金属扣板尺寸确定，小龙骨做横撑与中龙骨底面平齐，形成井格。小面积只用中龙骨搭成井格便可。安装龙骨如图4-24、图4-25所示。

（4）金属扣板的安装：按照龙骨间距将扣板从一个方向开始嵌入龙骨槽口翼缘上。一般较轻的灯具可固定在中龙骨或横撑龙骨上，较重的灯具应加固处理。扣板安装应严密、平正、平直、修边到位，如图4-26所示。

目前，大多数金属铝扣板的安装是由金属扣板商家完成的，通常一般的家居空间金属扣板吊顶一两天即可安装完成，因为安装较简单方便，这里就不列图介绍了。

图4-23　打眼固定吊杆

图4-24　固定龙骨

图4-25 安装主、次龙骨

图4-26 安装吊顶扣板

第三节 其他常见吊顶

吊顶类型非常多，尤其是目前室内设计推陈出新，各种材料都被广泛应用于吊顶装饰中，其中石膏板吊顶和铝扣板吊顶在公共空间和家居空间应用最为广泛，此外，还有诸如夹板吊顶、PVC吊顶、矿棉板吊顶、硅钙板吊顶等多个品种，甚至玻璃、金属等材料也被大量应用于吊顶的制作中。

一、夹板吊顶

在石膏板吊顶盛行前，夹板吊顶是吊顶制作的主流品种。制作吊顶的夹板多为5厘（5 mm厚）夹板，相比石膏板而言，夹板能轻易地创造出各种各样的造型，甚至可以弯曲。但它易变形，防火性能极差，逐渐被石膏板吊顶所取代。目前，夹板吊顶在家居装饰中虽仍有使用，但在公共空间中使用很少，如图4-27所示。

二、钢板吊顶

彩色涂层钢板是以热轧钢板、镀锌钢板为基层，涂饰0.5 mm的软质或半硬质有机涂料覆膜制成。按彩色涂层钢板的涂料形态分类，钢板吊顶涂层有液体涂料、粉末涂料、塑料薄膜三大类。彩色涂层钢板主要有冷轧基板彩色涂层钢板、热镀锌彩色涂层钢板、热镀铝锌彩色涂层钢板、电镀锌彩色涂层钢板。彩色涂层钢板一般用于阳台、露台吊顶或隔墙的制作。

图4-27 夹板吊顶

三、PVC吊顶

PVC吊顶是采用PVC塑料扣板制作的吊顶。PVC塑料扣板是以PVC为原料制作而成的，具有价格低、施工方便、防水、易清洗等优点。在家居装饰的厨卫空间和一些较低档的公共空间中曾被采用。PVC吊顶容易变形、防火性能差，同时其外观也不及铝扣板美观。

PVC塑料扣板后期发展出一种塑钢板，也称为UPVC。塑钢板在强度和硬度等物理性能上要比PVC塑料扣板强，可以认为是PVC塑料扣板的升级产品。目前市场上的PVC吊顶多是指塑钢板制作的吊顶，其在家居装饰的厨卫等空间中也有一些应用，但地位远不如铝扣板吊顶。PVC吊顶如图4-28所示。

四、矿棉板吊顶和硅钙板吊顶

矿棉板吊顶及硅钙板吊顶多应用于一些公共空间，在家居装饰中应用很少。矿棉板是以矿棉渣、纸浆、珍珠岩为主要原料，加入胶粘剂，经加压、烘干和饰面处理而制成的。硅钙板是以硅质材料（硅藻土、膨润土、石英粉等）、钙质材料、增强纤维等作为主要原料，经过制浆、成坯、蒸养、表面砂光等工序制成的。矿棉板与硅钙板一样具有质轻、防潮、不易变形、防火、阻燃和施工方便等特点。矿棉板吊顶如图4-29所示。

矿棉板和硅钙板表面均可以制作成各种色彩的图案与立体形状，多与轻钢龙骨或者铝合金龙骨搭配使用，在实用性的基础上还有不错的装饰性能，被广泛应用于会议室、办公室、影院等各公共空间。

五、玻璃吊顶

装饰玻璃直接用于吊顶作为装饰也是目前较为常见的装饰手法。吊顶用装饰玻璃主要有彩色玻璃和磨砂玻璃，它们利用灯光可折射出漂亮的光影效果，是目前很受欢迎的一种装饰方式。玻璃吊顶如图4-30所示。

六、金属格栅吊顶

金属格栅吊顶多是采用铝（钢）网格制作的多个格子拼合状的吊顶，具有安装简单且价格低的特点，多用于商业空间的过道或开放式办公室等空间。金属格栅吊顶如图4-31所示。

七、暴露式吊顶

暴露式吊顶在一些商业空间（如服装专卖店等）中应用较多。暴露式吊顶的处理方式就是在吊顶及靠近吊顶的墙面十几厘米的地方刷上一层颜色漆，一般是深色，甚至是黑色；吊顶上的所有电线、空调管道（消防水管除外）也刷上同样的颜色。暴露式吊顶如图4-32所示。

八、软膜吊顶

软膜吊顶又被称为柔性吊顶、拉膜吊顶等,是采用特殊的聚氯乙烯材料制成的,通过一次或多次切割成型,并用高频焊接完成。软膜吊顶最大的特点就是材料为柔性的,并且可以设计成各种平面和立体形状,颜色也非常丰富。软膜吊顶如图4-33所示。

图4-28　PVC吊顶

图4-29　矿棉板吊顶

图4-30　玻璃吊顶

图4-31　金属格栅吊顶

图4-32　暴露式吊顶

图4-33　软膜吊顶

课后思考

1. 谈谈吊顶施工的程序。
2. 吊顶施工应注意哪些问题?

第五章 墙面施工工程（一）

■ 本章知识点

本章主要介绍木工装修工程中涉及的木质板材、木质墙（柱）的施工以及轻钢龙骨轻质板隔墙施工、墙面造型施工等内容。

■ 学习目标

通过本章的学习，了解木工工程的材料要求、施工准备和施工要点；掌握木质墙、柱的施工，墙面造型的施工工序及工艺；重点掌握木质墙、轻钢龙骨轻质板隔墙的施工工序及工艺。

室内墙面装饰的主要目的是保护墙体，美化室内环境。墙面装饰材料的种类繁多，按照材料和构造做法的不同，大致上可以分为装饰涂料饰面、墙纸类饰面、板材类饰面、玻璃类饰面、陶瓷墙砖和石材饰面等几大种类。

第一节　木质板材

木质板材是室内装饰中必不可少的一种材料，在各类木工作业中都被大量使用。由于大多数板材品种都是采用胶粘的方式制成的，因而或多或少在环保性上都有所欠缺，因此在使用装饰板材时需要重点考虑其环保性问题。

木质板材种类繁多，根据施工中使用部位的不同可以分为饰面板材和基层板材两大类。饰面板材通常具有漂亮的纹理，用在外面起装饰作用，如图5-1所示，如饰面板、防火板、铝塑板就是常用的饰面板材类型；基层板材

图5-1　细木工双贴面样板

通常都是作为基层材料应用的，在外面一般看不到，如大芯板、胶合板、密度板就是常用的基层板材类型。但也不是绝对的，也有基层板材用在外面的情况，由于基层板材自身没有漂亮的纹理，所以通常还会在基层板材上刷上不透明的颜色漆进行遮盖，这种施工做法通常被称为混水或混油。饰面板材因为其本身就有漂亮的纹理，所以即使上漆也通常是透明漆，这种施工做法通常叫作清水或清油。

一、木质板材种类

（一）胶合板

胶合板也常被称为夹板或者细芯板，是现代木工工艺较为传统的材料，一般是由三层或多层1 mm左右的实木单板或薄板胶贴热压制成，一层即一厘，按照层数的多少分别称为3厘板、5厘板和9厘板等（装饰中称1厘就是现实中的1 mm，不仅板材如此，玻璃等材料也同样如此）。常见的有3厘板、5厘板、9厘板、12厘板、15厘板和18厘板六种规格，尺寸通常为1 220 mm × 2 440 mm。胶合板如图5-2、图5-3所示。

图5-2 胶合板（一）

图5-3 胶合板（二）

胶合板的特点是结构强度高，拥有良好的弹性、韧性，易加工和涂饰作业，能够较轻易地创造出弯曲的、圆的、方的等各种各样的造型。早些年，胶合板是制作吊顶的最主要材料，但近些年已经被防火性能更好的石膏板所取代。胶合板目前多用作饰面板材的底板、板式家具的背板、门扇的基板等。

胶合板含胶量相对较大，施工时要做好封边处理，尽量减少污染。同时因为胶合板的原材料为各种原木材，所以也怕白蚁，在一些大量采用胶合板的木工作业中还要进行防白蚁处理。

（二）大芯板

大芯板也常被称为细木工板或木工板，是由上、下两层胶合板加中间木条构成。与胶合板一样，大芯板也是室内装修最为常用的板材之一，但价格比胶合板要低。尺寸规格为1 220 mm × 2 440 mm，厚度多为15 mm、18 mm和25 mm，越厚价格越高。大芯板如图5-4所示。

大芯板内芯的木条有许多种，如杨木、桦木、松木、泡桐等都可制作大芯板的内芯木条，其中以杨木、桦木为最好，质地密实，不软不硬，握钉力强，不易变形。大芯板的加工工艺分为手

图5-4 大芯板

拼和机拼两种，手工拼制是用人工将木条镶入夹板，这种板握钉力差、缝隙大，不能切锯加工，只适宜做部分装修的基层处理，如做实木地板的垫层毛板等。而机拼的板材受到的挤压力较大，缝隙较小，拼接平正，承重力均匀，长期使用不易变形。

大芯板握钉力好，密度小，易于加工，不易变形，稳定性强于胶合板，在家具、门窗、暖气罩、窗帘盒等木工作业中被大量使用，是装修中墙体、顶部木装修和木工制作必不可少的木材制品。

大芯板的最主要的缺点就是其横向抗弯性能较差，当用于制作书柜等承重要求较高的物品时，其自身强度往往不能满足承重要求。实际上，大芯板最大的问题还在于它的环保性，因为大芯板的构造是中间多条木材黏合成芯，两面再贴上胶合板，这些板材都是由胶水黏结而成的，加之胶粘剂的质量参差不齐，很多胶粘剂的甲醛和苯的含量都是超标的，所以很多大芯板锯开后有刺鼻的味道。

（三）薄木贴面板（饰面板）

薄木贴面板又被称为装饰木皮，属于胶合板中的一种，全称为装饰单板贴面胶合板，它是将天然木材或科技木刨切成0.2～0.5mm厚的薄片，黏附于胶合板表面后热压而成，是一种高档装修饰面材料。薄木贴面板具有花纹美丽、种类繁多、装饰性好、立体感强等特点，主要用于家具及木制构件的外部饰面，涂饰油漆后效果更佳。薄木贴面板一般分为天然板与科技板两种。天然薄木贴面板采用名贵木材，如枫木、榉木、橡木、胡桃木、樱桃木、影木、檀木等，经过热处理后刨切或半圆旋切而成，压合并黏结在胶合板上，纹理清晰、质地真实，价格较高。科技板表面装饰层则为印刷品，易褪色、变色，但是价格较低，也有很大的市场需求量。薄木贴面板如图5-5、图5-6所示。

图5-5 薄木贴面板（一）

图5-6 薄木贴面板（二）

薄木贴面板的规格为2 440 mm×1 220 mm×3 mm。天然板的整体价格较高，根据不同树种来定价，一般都在60元/张以上；科技板的价格多为30～40元/张。选购时，应注意产品的美感，确保其色泽清晰、材质细致、纹路美观，能够感受到其良好的装饰性。反之，如果有污点、毛刺沟痕、刨刀痕或局部发黄、发黑就很明显属于劣质或已被污染的板材。还可以使用0号砂纸轻轻打磨边角，观察是否褪色或变色，无褪色或变色即天然板，反之，则是质地较差的科技板。

（四）密度板

密度板也叫作纤维板，是将原木脱脂去皮粉碎成木屑后再经高温、高压制成，因为其密度很高，所以被称为密度板。密度板表面常贴以三聚氰胺或木皮等作为饰面。密度板分为高密度板、中密度板和低密度板。密度在800 kg/m²以上的是高密度板；密度为450~800 kg/m²的是中密度板；密度低于450 kg/m²的为低密度板。区分很简单，同样规格越高的密度越大。密度板如图5-7所示。

密度板结构细密，表面特别光滑平整，性能稳定，边缘牢固，加工简单，很适合制作家具，目前很多板式家具及橱柜基本采用密度板作为基材。在室内装修中主要用于强化木地板、门板、隔墙、家具等的制作。密度板的握钉力不强，由于它的结构是木屑，没有纹路，所以当钉子或是螺钉难以紧固其上。所以密度板的施工主要采用贴，而不是钉的工艺。同时密度板的缺点还有遇水后膨胀率大和抗弯性能差，不能用于过于潮湿和受力太大的木工作业。

图5-7 密度板

（五）刨花板

刨花板是将天然木材粉碎成颗粒状后，加入胶水、添加剂压制而成，因其剖面类似蜂窝状，极不平整，所以称为刨花板。刨花板的性能特点和密度板类似，而且表面也常以三聚氰胺饰面双面压合，经封边处理后与贴有三聚氰胺饰面的密度板外观相同。刨花板如图5-8所示。

刨花板质地疏松，抗弯性和抗拉性较差，强度也不如密度板，所以一般不适宜制作较大型或者承重要求较高的家具。但是刨花板价格相对较低，同时握钉力较好，加工方便，甲醛含量虽比密度板高，但比大芯板要低得多，可以用于一些受力要求

图5-8 刨花板

不是很高的基层部位，也可以作为垫层和结构材料。现在很多厂家生产出的板式家具也都采用刨花板作为基层板材。同时刨花板和密度板一样，也是橱柜制作的主要基层材料。在装修施工中，刨花板主要用作基层板材和制作普通家具等。

（六）指接板

指接板又称为机拼实木板，由多块经过干燥、裁切成型的实木板拼接而成，上、下无须粘压单薄的夹板，由于竖向木板之间采用锯齿状接口，类似手指交叉对接，故称为指接板。指接板的各向抗弯压强度平均，板材常用松木、杉木、桦木、杨木等树种制作，其中以杨木、桦木为最好，质地密实，不软不硬，握钉力强，不易变形。指接板如图5-9~图5-11所示。

图5-9 指接板（一）

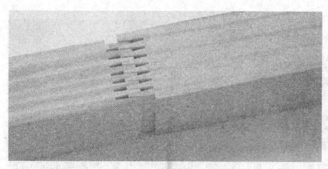
图5-10 指接板（二）

图5-11 指接板（三）

指接板在制作过程中，可以保留自身所固有的天然纹理，也可以根据设计需要制作外部贴面。由于没有上、下两层单板粘压，指接板在生产过程中用胶量比传统木芯板少得多，因此比木芯板更环保。指接板的性能相对稳定，强度为天然实木的1～1.5倍，表面平整，物理性能与力学性能良好，具有质坚、吸声、隔热等特点，而且含水率不高，为10%～13%，加工简便。

指接板主要用于室内家具与木构造制作，是一种小材大用的低成本装饰型材。但是单层指接板一般不用于制作柜门，尤其是宽度＞300 mm、长度＞600 mm的柜门，大幅面板材无支撑单独使用容易发生变形。此外，由于指接板没有上、下层单板压合，因此在施工时应尽量少用木钉、气排钉固定，防止钉子直接嵌入木质纤维后发生松动，一般多采用螺钉或成品固定连接件进行安装。

指接板常见规格为2 440 mm×1 220 mm，厚度主要有12 mm、15 mm、18 mm三种，最厚可达36 mm。目前，市场上销售的指接板有单层板与三层板两种，其中三层叠加的板材抗压性与抗弯曲性较好。普通单层指接板厚度为12 mm和15 mm，市场价格为120元/张左右，主要用于支撑构造；三层指接板厚度为18 mm，市场价格为160元/张左右，主要用于家具、构造的各种部位，甚至装饰面层（家具柜门板）。鉴别指接板的质量主要是看芯材年轮，其年轮越多，则说明树龄越长，材质越好。指接板还分有节与无节两种，有节板材存在疤眼而影响美观，无节板材不存在疤眼较为美观。中、高档产品表面非常平整，无毛刺，且都会采用塑料薄膜包装，用于防污、防潮。

二、装饰板材的选购

装饰板材是室内装修用量最大的一种材料，而且由于板材大多数是采用胶粘工艺生产的，同时在处理一些饰面板材时，会在表面进行油漆处理，是室内污染的最主要源头，因而在选购装饰板材时更需要特别注意质量。

（一）胶合板

（1）外观。要求木纹清晰，胶合板表面不应有破损、碰伤、疤节等明显疵点；正面要求光滑平整，摸上去不毛糙、无滞手感。

（2）胶合。如果胶合板的胶合强度不高，则容易分层变形，所以选择胶合板时需要注意从侧面观察胶合板有无脱胶现象，应挑选不散胶的胶合板。

（3）板材。胶合板采用的木材种类有很多，其中以柳桉木的质量为最好。柳桉木制作的胶合板呈红棕色，其他杂木（如杨木等）制作的胶合板则多呈白色，而且柳桉木制作的胶合板同规格下分量更重。

（4）甲醛。注意胶合板的甲醛含量不能超过国家标准，国家标准要求胶合板的甲醛含量小于1.5 mg/L才能用于室内，可以向商家索取检测报告和质量检验合格证等文件查看，选择时，应避免具有刺激性气味的胶合板。

（二）大芯板

如图5-12所示，市面上的大芯板良莠不齐，有的厂家生产的大芯板并不符合国家标准，由此可见大芯板的质量状况。购买时除需要购买正规厂家的产品外，还需要注意如下几条。

（1）外观。表面应平整、无翘曲、变形、起泡等问题。好的板材是双面砂光，用手摸感觉非常光滑；同时四边平直，侧面看板芯木条排列整齐，木条之间缝隙不超过3 mm。选择时可以对着太阳看，如果中间层木条的缝隙大，则缝隙处会透白。

图5-12　好、坏大芯板对比

（2）板芯。板芯的拼接分为机拼和人工拼接两种，机拼的芯板木条间受到的挤压力较大，缝隙极小，拼接平正，长期使用不易变形，更耐用。大多数板材是密度越大越好，但大芯板正好相反，密度越大反而越不好，因为密度越大，越表明这种板材板芯使用了杂木。这种用杂木拼成的大芯板，很难钉进钉子，不好施工。

（3）甲醛。甲醛含量高是大芯板最大的问题，在选购大芯板时这点是最需要注意的。国家标准要求室内大芯板的甲醛释放量一定要小于或等于1.5 mg/L，这个指标越低越好。选购大芯板时可以查看产品检测报告中的甲醛释放量，还可以闻一下大芯板，如果大芯板散发出木材本身的清香气味，则说明甲醛释放量较小；如果气味刺鼻，则说明甲醛释放量较大。

另外，大芯板根据其有害物质限量分为E1级和E2级两类。家庭装修只能用E1级，E2级甲醛含量可超过E1级3倍多。

（4）含水率。细木工板的含水率应不超过12%。优质细木工板采用机器烘干，含水率达标，劣质大芯板含水率常不达标。干燥度好的板材相对较轻，而且不会出现裂纹，外表很平整。

（三）薄木贴面板（饰面板）

（1）外观。薄木贴面板的外观尤其重要，它的效果直接影响室内装饰的整体效果。薄木贴面板纹理应细致均匀、色泽明晰、木纹美观；表面应光洁平整，无明显瑕疵和污垢。薄木贴面板纹理如图5-13所示。

（2）表层厚度。薄木贴面板的美观性基本上靠表层贴面，这层贴面多是采用较名贵的硬质木材削切成的薄片，有无这层贴面也是区分薄木贴面板和胶合板的关键。表层贴面的厚度必须在0.2 mm以上，越厚越好。有些薄木贴面板表层贴面厚度只有0.1 mm左右，商

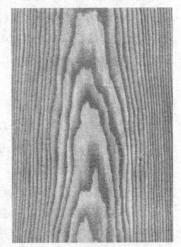

图5-13　薄木贴面板纹理

家为防止透出底板颜色，会先在底板上刷一层与表层面板同色的漆，再贴表层面板来掩饰。

薄木贴面板也属于胶合板的一种，在其他方面的选购要求和胶合板一样，具体请参看胶合板选购部分的内容。

（四）密度板、刨花板

密度板、刨花板的选购和大芯板基本一致，不过密度板的表面最光滑，摸上去感觉更细腻。而刨花板是板材中面层最粗糙的。同时密度板、刨花板也和大芯板一样，在甲醛含量上分为E1级和E2级两类，E1级甲醛释放量更低、更环保。其他环节的选购标准参照大芯板选购的内容。

第二节 木质墙、柱施工

一、木质墙施工

木质墙可分为两大类：第一类为木质隔墙；第二类为饰面木质墙。两者的区别在于，前者是全部采用木材来制作墙体，后者是对建筑墙体进行包装，一般指土建中的混凝土墙或砖墙。

（一）木质隔墙施工

木质隔墙由上槛、下槛、立筋、横档及贴板等几部分构成，除贴板部分其他均属于木龙骨。用来制作木龙骨的木方多采用40 mm×60 mm的规格，但根据工程的需要也可采用规格更高的木龙骨。制作木龙骨的木材一般多采用松木或杉木。

隔墙木龙骨的安装程序：弹线→安装靠墙木龙骨立筋→安装上、下槛→安装横档。其具体做法是，先在楼地面上弹出隔墙的边线，并用线坠将边线引到两端墙上，引至楼板或过梁的底部。根据所弹线的位置打木楔，间距在60 mm左右。然后钉靠墙立筋，再将上槛木龙骨托至楼板或梁底钉牢，两端要顶住靠墙立筋。再将下槛木龙骨对准地面事先弹好的隔墙边线，两端顶紧靠墙立筋底部，而后在槛上画出其他立筋的位置线。

接下来可安装立筋，立筋的间距要根据贴板的尺寸而定，贴板宽度超过100 cm时需增加立筋。立筋的安装要保证垂直，上、下端要紧紧顶住上、下槛，分别用钉斜向上钉牢。然后可根据贴板的尺寸安装横档。最后在木龙骨上钉贴板。贴板的种类很多，根据情况可采用胶合板、中密度板、刨花板、麻屑板等。木质隔墙构造如图5-14所示。

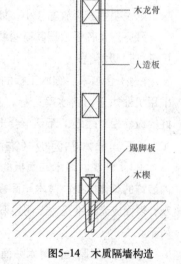

图5-14　木质隔墙构造

1. 木龙骨与建筑墙体的连接

现在的室内隔墙设计，在建筑柱体结构内预埋的情况已很少。隔墙木龙骨的靠墙或靠柱安装，多采用木楔圆钉固定的方法。即使用16～20 mm的冲击钻头在墙体或柱体上打孔，孔深不小于

60 mm，孔距为600 mm左右，孔内打入木楔，安装靠墙竖龙骨时将龙骨与木楔用铁钉连接固定，如图5-15所示。对于墙面平整度误差在100 mm以内的基层，要重新抹灰找平。

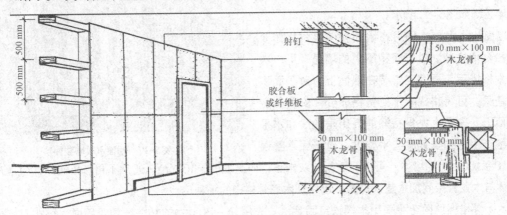

图5-15　木龙骨与建筑墙体的连接

2．木龙骨与地面的连接

木龙骨与地面的连接一般用φ7.8 mm或φ10.8 mm的钻头，按300～400 mm的间距在地面打孔，孔深为45 mm左右，利用M6或M8的膨胀螺栓将沿地龙骨固定。对于面积较小的隔墙，也可采用木楔铁钉固定法，即在地面打φ20 mm左右的孔，孔深50 mm左右，孔距300～400 mm，孔内打入木楔，将隔墙木龙骨的沿地龙骨用铁钉钉在木楔上。对于较简易的隔墙木龙骨架，也可采用高强度水泥钉，将木龙骨架的沿地龙骨钉牢在混凝土地面上。

3．木龙骨与屋顶的连接

在一般情况下，隔墙木龙骨的顶部与建筑楼板底的连接有多种方法，如采用射钉固定连接件或采用膨胀螺栓、木楔铁钉连接等。但是隔墙的顶端若不是建筑结构，而且与装修吊顶相接触时，只要求与吊顶面间的缝隙小而平，隔墙木龙骨架可独自通入吊顶内与建筑楼板用木楔铁钉固定。当与吊顶的木龙骨接触时，应将吊顶木龙骨与隔墙木龙骨的沿顶龙骨钉接起来。如果两者之间有接缝，还应垫实接缝后再钉钉子。对于设有开启门扇的木质隔墙，考虑到门的启闭振动及人的往来碰撞，其顶端应采取较牢靠的固定措施。一般做法是其竖向龙骨穿过吊顶面与建筑楼板底面固定，并采用斜角支撑。斜角支撑与基体的固定，可采用木楔铁钉或膨胀螺栓。木龙骨与屋顶的连接如图5-16所示。

图5-16　木龙骨与屋顶的连接

（二）饰面木质墙的施工

饰面木质墙的施工安装程序：弹线→拼装木龙骨架→安装木龙骨架→钉胶合板→贴饰面板。

用作饰面木质墙的木龙骨一般采用30 mm×40 mm的木方。施工前要根据设计要求在建筑的墙体上弹线，通常按木龙骨格栅的分档尺寸在建筑墙面上弹出分格线。按照消防条例的规定，室内装饰中的木结构部分都要进行防火处理，其中包括木龙骨格栅和胶合板背部涂刷三遍防火漆。饰面木质墙装饰如图5-17所示。

墙面的木龙骨格栅可在地面拼装，木格栅要采用扣合榫拼装。对于面积不大的墙身，可一次拼成木格栅后，再固定安装在墙面上。对于面积大的墙身，可将拼成的木龙骨格栅分片安装固定在墙面上。安装木龙骨格栅前要用垂线法和水平法来检查墙身的垂直度与平整度。对墙面平整误

图5-17 饰面木质墙装饰

差为10~100 mm的墙体，可进行重新抹灰修正；如误差小于10 mm，通常不再修正墙体，而是在建筑墙体与木龙骨架间加木垫来调整，以保证木龙骨格栅的平整度。

木龙骨格栅的固定可采用木楔铁钉固定法。先用16~20 mm的钻头在建筑墙面上钻孔，钻孔的位置应在弹线的交叉点上，钻孔的孔距可在600 mm左右，深度不小于60 mm。在钻孔中打入木楔，如在潮湿地区或墙面易受潮的部位，木楔可刷上桐油，待干燥后再打入墙孔。固定木龙骨格栅时，应将木龙骨格栅架起后靠在建筑墙面上，用垂线法检验木格栅的垂直度，用水平法检验木格栅的平整度。固定前先看木格栅与墙面是否有缝隙，如有缝隙应先用木片或木块将缝隙垫实，再用铁钉将木格栅与木楔钉牢固。

木格栅固定后，就可进行胶合板的安装。用于墙面的胶合板一般采用三层或五层的。具体情况要根据木龙骨的密度而定，密度高的可采用三层板，密度低的则需用五层板。钉装胶合板最好采用射钉枪，射钉枪钉的钉头可直接埋入木胶合板内，不必再做其他处理。注：要把钉枪嘴压在板面上扣扳机打钉，才能保证钉头埋入胶合板内。如果用铁钉钉胶合板，要将钉头打扁后方可进行钉装，钉完后还要用冲子将钉子向里冲一下，并要在钉尖上涂上防锈漆。

在胶合板墙身的基面上可贴装各种面饰，其中包括贴装饰面板、贴墙纸、镶镜面或采用多种涂饰等手法。

二、柱子包装施工

柱子施工程序：弹线→制作木龙骨架→钉胶合板→与建筑连接→贴饰面板。柱子在装饰工程中的工程量虽然不算多，但能体现装饰的工艺和技术水平，因此要求装饰造型准确、工艺处理精细。装饰柱子的基本原则是不破坏原建筑柱体的形状，不损伤柱子的承载力。

（一）弹线

对于柱子的弹线，操作人员要具备平面几何基本知识。在柱体弹线工作中，将原建筑的方柱包装成圆柱的弹线工艺较典型，这里以方柱装饰成圆柱的弹线方法为例，介绍柱子弹线的基本方法。

一般画圆都是从圆心开始，求出半径后将圆画出。但圆柱的中心点因已有建筑方柱而无法直接得到，要画出圆柱的底圆就必须用变通的方法。不用圆心而画出圆的方法有很多，这里仅介绍一种常用的弦切法。用这种方法确定圆柱底圆的步骤如下。

（1）确定基准方柱的底框。因为土建施工中柱子的尺寸会有误差，方柱也不一定都是正方形，所以必须确立方柱底边基准方框，才能进行下一步的画线工作。确立基准底框的方法：首先测量方柱的尺寸，找出最长的一条边，再以这条边为边长，用直角尺在方柱底弹出一个正方形，该正方形就是基准方框，然后标出每条边的中点，如图5-18所示。

（2）制作样板。用一张纸板或三层胶合板，以装饰圆柱的半径画一个半圆，剪裁下来。在这个半圆形上，以标准底框边长的一半尺寸为宽度，作一条与该半圆形直径相平行的直线，然后从平行线处剪裁这个半圆。所得到的这块圆弧板，就是该柱的弦切弧样板。

以该样板的直边，靠住基准底框的四条边，将样板的中点对准基准底框边长的中点，然后沿样板的圆弧边画线，这样就得到了装饰圆柱的底圆，如图5-19所示。顶面的画线方法基本相同，但基准顶框必须通过与底边框吊垂直线的方法来画出，以保证地面与顶面的一致性和垂直度。

图5-18　确定方柱底框

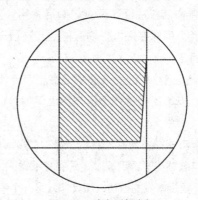

图5-19　确定圆柱底框

（二）制作木龙骨架

木龙骨架主要用于木质面板贴面、防火板贴面、不锈钢饰面板及复合铝塑板等。木龙骨架可分为两半进行制作，如果柱子过大或过粗，也可分为四半进行。

制作柱子的龙骨分为横向龙骨和竖向龙骨。横向龙骨一般需用细木工板加工成弧线，然后在其内弧根据竖向龙骨的断面尺寸开槽。开槽的间距一般可控制为300～400 cm，或以圆柱的平均分配为尺度。竖向龙骨一般均采用木方制作。竖向龙骨和横向龙骨之间可采用胶接与铁钉钉合的方法。具体构造节点如图5-20所示。

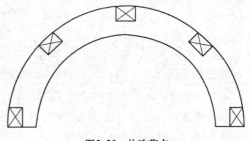

图5-20　构造节点

（三）胶合板的安装

用作包柱的胶合板一般采用三层胶合板，但如果弧度比较大，也可采用五层胶合板。安装胶合板前先在木龙骨外侧涂上白乳胶，然后将胶合板按木龙骨的形状包合，一边包合一边用射钉将胶合板钉在木龙骨上。如果采用铁钉，钉头必须先打扁再钉合，而且铁钉钉头部分要刷防锈漆。

（四）柱子与建筑的连接

为保证装饰柱体的稳固，通常在建筑的圆柱体上安装支撑拉杆，使之与装饰柱体骨架连接固定。支撑拉杆用木方制作，并用膨胀螺栓或射钉、木楔、铁钉与建筑柱体连接。另一端用铁钉与装饰柱骨架连接。支撑杆应分层设置，在柱体的高度方向上，分层的间隔为80~100 cm。支撑杆的连接固定节点如图5-21所示。

（五）面板的安装

采用木龙骨包柱的饰面板主要有两类：一类是贴面板，包括各种木质饰面板，如柚木板、榉木板、枫木板、橡木板、防火板等；另一类是不锈钢板，包括镜面不锈钢、亚光不锈钢、复合铝塑板等。

贴面板类的安装均采用万能胶粘贴的方法。具体施工方法是：先将饰面板按设计要求切割后备用，然后在面板的背部刷万能胶，同时在底板上刷万能胶，待胶干至表面无粘连后，就可进行粘贴。粘贴后用铁钉在板边做临时固定。

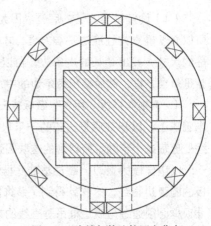

图5-21　支撑杆的连接固定节点

不锈钢类圆柱板的安装通常是在工厂专门加工成所需的曲面。一个圆柱一般由2~4片不锈钢曲面板组成。安装的关键在于板与板之间的接口处。安装接口的方式主要有直接卡口式和嵌槽压口式两种。

直接卡口式是在两片不锈钢板接口处安装一个不锈钢卡口槽，该卡口槽用螺钉固定于木龙骨架的相接处。安装柱面不锈钢板时，只要将不锈钢板一端的弯曲部勾入卡口槽，再用力推按不锈钢板的另一端，利用不锈钢本身的弹性，使其卡入另一个卡口槽，就安装完成了。直接卡口构造如图5-22所示。

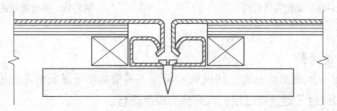

图5-22　直接卡口构造

嵌槽压口安装方法：先把不锈钢板在对口处的凹部用螺钉或铁钉固定，再把一宽度小于凹槽的木条固定在凹槽中间，两边空出的间隙相等，其间隙宽为1 mm左右。在木条上涂万能胶，待胶面不粘手时，向木条上嵌入不锈钢槽条。不锈钢槽条在嵌入黏结前，应用酒精或汽油清擦槽条内的油迹污物，并涂一层薄的胶液。嵌槽压口安装的关键是木条的尺寸要准确，只有这样，方可保证木条与不锈钢槽的配合松紧适度。安装时不可用锤大力敲击，以免损伤不锈钢表面。嵌槽压口构造如图5-23所示。

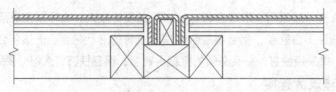

图5-23　嵌槽压口构造

（六）方柱子角的构造处理

方柱子面的构造做法可参照墙体的做法。而角位的处理是包柱的关键。柱子的角位往往是木龙骨与木龙骨、板与板的接缝处，因此都需要进行收口处理。方柱角位通常有阳角形、阴角形和斜角形三种。

阳角最常见，其角位构造也比较简单，两个面在角位处直角相交，一般用压角线进行封角，压角线有木线条、铝角、不锈钢或铜角等。其中木线条用铁钉固定，铝角或铜角可用自攻螺钉固定，而一些角型材仅用黏结法固定即可，如图5-24所示。

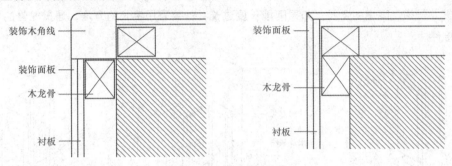

图5-24 方柱子角的构造

阴角就是在柱体的角位上做一个向内的凹角。这样的角常见于一些造型较丰富的柱子。阴角的处理可采用贴面板或木线条收边，也可采用加工的不锈钢进行处理。

斜角通常是指由两个面之间形成的45°的角。这种斜角既可采用45°斜面收边，也可采用弧形的木线收角方式处理。

第三节　轻钢龙骨轻质板隔墙施工

轻钢龙骨轻质板隔墙是目前室内装修中空间分隔最常采用的墙体。轻钢龙骨与纸面石膏板组装的隔墙，具有密度小、强度高、防震、防火及隔热、隔声等优点。而且，由于不用砖砌和水泥砂浆抹灰，避免了湿作业周期长、劳动强度高的缺点，提高了施工效率。同时，轻钢龙骨纸面石膏板隔墙装饰性强，安装简便，设置灵活，拆卸方便，有着较高的抗变形强度。常用的轻质板还有硅钙板、埃特板等。

一、轻钢龙骨隔墙施工

不同类型、规格的轻钢龙骨，能组合成不同的隔墙骨架构造，在施工中可根据设计的不同要求确定不同的龙骨布置。它的组成主要包括沿地、沿顶龙骨和竖向龙骨。有些类型的轻钢龙骨还要加通贯、横撑龙骨和加强龙骨。竖向龙骨间距根据石膏板宽度而定，一般在石膏板边及板中间各装一根，间距在600 mm左右，如隔墙较高，则龙骨的间距应适当缩小。

沿墙龙骨、沿柱龙骨、沿地龙骨、沿顶龙骨与主体的连接固定，一般用射钉或膨胀螺栓。竖向龙骨与横向龙骨的连接固定采用拉铆钉，如图5-25所示。门框和竖向龙骨的连接，视龙骨的类型有多种做法，可采用加强龙骨与门框连接，也可将木门框两侧的木框直接插入沿顶龙骨，然后固定在沿顶龙骨上。

为增强隔墙轻钢龙骨的强度与刚度，每堵隔墙应保证至少设置一条通贯龙骨。通贯龙骨要穿过竖向龙骨在隔墙骨架上横向通长布置。图5-26所示为通贯龙骨与竖向龙骨以支撑卡锁紧相交的构造形式。通贯龙骨横贯隔墙的全长，如果隔墙长度过长，就要采用接长的方法，通贯龙骨的接长要使用接长连接件。

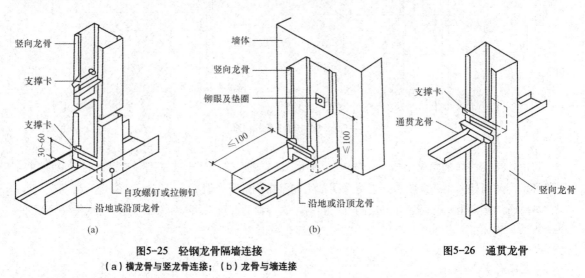

图5-25　轻钢龙骨隔墙连接
（a）横龙骨与竖龙骨连接；（b）龙骨与墙连接

图5-26　通贯龙骨

在组装隔墙轻钢龙骨时，竖龙骨与横龙骨相交部位的连接处要采用金属角来固定。如墙体内要设置配电箱、开关盒、插座等，就要在中间增加横向龙骨、穿线管，设置暗盒，其做法如图5-27所示。

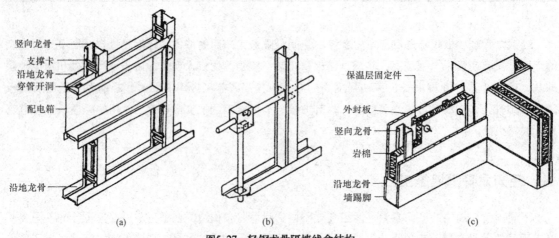

图5-27　轻钢龙骨隔墙线盒结构
（a）墙体与配电箱构造连接；（b）隔墙内导线与开关盒连接；（c）隔墙内保温层连接

二、轻钢龙骨曲面隔墙施工

要将墙体加工成圆曲面，应根据设计要求把沿顶和沿地龙骨切割成锯齿形，并在顶面和地面上固定，然后按150 mm的间距设竖向龙骨。曲面墙体的曲面半径不可太小，否则会影响装饰效果，如图5-28所示。

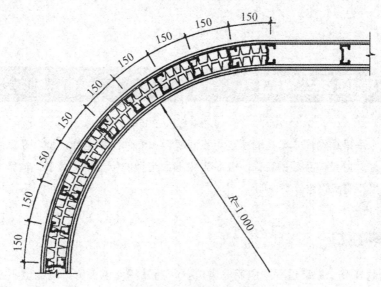

图5-28 曲面龙骨构造示意图

下面按隔墙轻钢龙骨的安装步骤来介绍具体的操作方法。

（一）放线

根据设计要求在地面上弹出墙体的位置线，然后用垂直吊线的方法将隔墙两端的墙面线标定。同时，还要分别标出竖向龙骨的位置及门洞的位置。放线的基本要求是清晰、准确，以利于下一步施工。

（二）安装沿顶和沿地龙骨

在安装沿顶和沿地龙骨之前，应按设计要求设置墙基，如设计无具体要求也可不设。然后在地面和顶棚设置横向龙骨，在龙骨与地面、顶面接触处应铺填橡胶条。按设定的间距用射钉枪或冲击钻打钉或打孔，安装膨胀螺栓，将沿地和沿顶轻钢龙骨固定在地面或顶梁上。

（三）安装竖向龙骨

根据轻质板的宽度设置竖向龙骨。竖向龙骨要按长度要求切割，然后放置在沿地与沿顶龙骨之间，翼缘要朝轻质面板方向。在门洞处要设竖向龙骨并增加加强龙骨。最后在沿顶和沿地龙骨与竖向龙骨的交合处打孔，用拉铆钉铆固，并安装支撑卡固定竖向龙骨。

（四）安装横撑和通贯龙骨及墙体内管线

在竖向龙骨上打孔安装卡托与横撑龙骨连接，安装通贯龙骨，并根据要求敷设墙内暗装管线、暗盒、配电箱等。

(五)安装罩面轻质板

罩面轻质板的安装位置要依轻钢龙骨的位置而定,基本原则是板的四边都要靠在轻钢龙骨上,以便固定。板边与板边都应保持7 mm左右的间隙,其作用是防止墙体的裂缝。轻质板与轻钢龙骨采用自攻螺钉连接。螺钉的间距,板边部分为200 mm,中间部分为300 mm。自攻螺钉要尽量深入板内,不可凸出板的表面。板面安装完成后,可在设有暗盒及配电盒等部位挖洞安装开关、插座、配电盒等。

第四节 墙面造型施工

墙面造型施工是根据设计方案在墙面运用不同材料,制作出相应的造型。在家装当中主要是电视背景墙、沙发墙、卧室床头等的装饰。公装当中墙面造型的位置就更多了,造型变化也更丰富。下面以电视背景墙和墙面软包分别说明。

一、木质背景墙施工

如今木质板材在整个家装过程中应用非常广泛,将其用作电视背景墙的也不在少数。使用木质材料制作电视背景墙,装饰效果自然清新、大方美观。在制作过程中,注意设计规划,严格把关施工质量,即可打造出令人满意的木质电视背景墙。木质电视背景墙制作如图5-29~图5-32所示。

木质背景墙安装步骤如下。

(一)木质饰面板安装准备

在施工之前,先对墙面进行弹线分格与基层处理等准备工作。按照设计图样尺寸在墙上画出水平高度,按木龙骨的分档尺寸弹出分格。而基层处理方面,应对墙面进行找平,再做好墙面的防潮工作,并在安装时使墙面保持干燥。同时,所有木料做好防火处理。

图5-29 木质电视背景墙制作过程(一)

图5-30 木质电视背景墙制作过程(二)

图5-31 木质电视背景墙制作过程（三）

图5-32 电视背景墙完成图

（二）背景墙龙骨安装

木质饰面板常采用龙骨安装，根据背景墙实际大小，整片或分片将木龙骨架钉装上墙。钉装完后调整偏差，要求龙骨整体与墙面找平，四角与地面找直。调整好后每一块垫木、垫块必须与龙骨牢牢钉合。

（三）饰面板钉装工作

完成龙骨安装后，将饰面板钉到龙骨上。挑选色泽相近、木纹一致的饰面板拼装一起，要求连接处不起毛边，使木纹对接自然协调。钉装时要求布钉均匀，注意对钉头进行处理，要求饰面板整体光滑平整。

（四）木质背景墙施工要点

木质背景墙施工时必须做好基层墙面的防潮处理，如铺一层均匀的油毡或油纸防潮。而木龙骨、饰面板等材料必须做好防火处理，使用防火漆在材料内、外各涂两遍，待干后使用。饰面板缝隙间还需要用玻璃胶密封。

二、墙面软包施工

墙面软包施工在工程中主要应用在局部点缀或有吸声要求的墙面。软包墙面具有较好的装饰和吸声效果，得到了广泛应用，如图5-33、图5-34所示。

图5-33 硬包样板

图5-34 软包样板

墙面软包的材料要求及施工工序如下。

（一）材料要求

（1）软包墙布：使用的软包墙布具有合格证和防火检验报告，并达到国家标准和设计要求。软包墙布的颜色花纹与样品相符。

（2）海绵垫：海绵垫的厚度、质量等必须符合要求，并具有产品合格证。

（3）胶粘剂：胶粘剂的黏结力必须足够并具有合格证和试验报告。

（4）防火、防腐剂：选择符合设计和施工规范要求的防火、防腐材料，如防火涂料等。

（5）细木工板、木龙骨：细木工板、木龙骨符合国家标准和施工要求等。

（二）工序流程

（1）基层处理。施工前应先检查软包部位基层情况，如墙面基层不平整、不垂直，有松动开裂现象，应先对基层进行处理，墙面含水率较大时应干燥后施工作业。

（2）基层弹线。根据设计图纸要求，把实际分格尺寸在墙面上弹出，并校对位置的准确性。

（3）制作、安装木龙骨架及衬板。根据现场墙面特点，制作木龙骨网片，木龙骨网片采用横纵向钉接或榫接，木龙骨规格为25 mm×30 mm，木龙骨间距一般为300～400 mm，用圆钉将木龙骨固定在预埋木楔上，软包面的间距根据设计风格确定。要求木龙骨上墙前刷一遍防火涂料。墙面安装完木龙骨后衬板，衬板通常采用9～12 mm的多层板（背面刷防火涂料），安装方法是在木龙骨接触面上满刷乳胶，然后用气钉将衬板固定在木龙骨上，要求衬板平整、牢固，钉帽不得凸出面板。面积较大的应留出约5 mm伸缩缝。

（4）软包板制作安装。

①套裁面料：按照设计要求的分块并结合布料的规格尺寸进行用料计算和填充料（一般3～5 mm厚海绵）套裁工作，布料和海绵应在平整干净的桌面上进行剪裁，布料在下料时应每边长出50 mm以便于包裹绷边。剪裁时要求必须横平竖直，不得歪斜，尺寸必须准确。

②粘贴面料：将软包层底板（5 mm厚层板）四周用封边条进行固定，按照设计用料，在五夹板或9厘板上满刷薄而均匀的一层乳胶液，然后把填充层（海绵垫）从板的一端向另一端粘在衬板上，注意将海绵垫粘贴平正，不得有鼓包或折痕。待稍干后，把面料按照定位标志上、下摆正，注意布料相邻花纹之间的对称。首先将面料上部用木条加钉子临时固定，然后把下端和两侧展平，将面料卷过衬板约50 mm并用马钉固定在衬板上，要求固定要牢固。为了保证软包块边缘的平直或弧角顺畅一致，在衬板的四边上采用与海绵等厚的木线钉成框（注意接头要平正），海绵粘贴在木线中间，然后进行软包面料的制作。

③安装软包板：软包板制作完成后在平台上进行试拼，达到设计效果后，将预制好的软包板边框用气钉枪固定在墙面的基层衬板上，要求软包板的背面满刷乳胶，气钉的间距一般为80～100 mm。

软包结构如图5-35所示。

（5）修整软包墙面。施工完毕后，应将其饰面尘土、钉眼、胶痕等处理干净。

软包施工步骤如图5-36～图5-41所示。

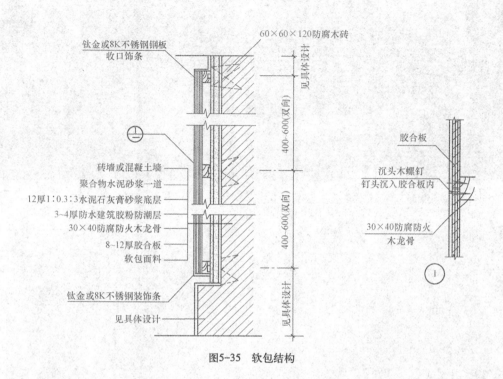

图5-35 软包结构

图5-36 软包衬板画线

图5-37 热熔胶粘贴软包单元

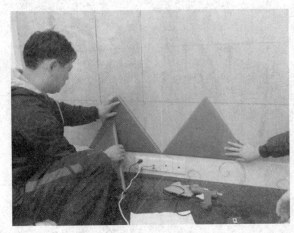
图5-38 调整位置

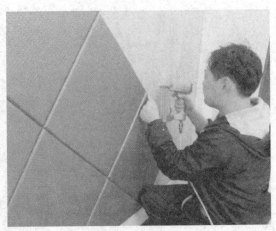
图5-39 固定

图5-40 汽钉固定

图5-41 木线封边

 课后思考

1. 细木工板在装修过程中是如何使用的？
2. 木质隔墙的施工工序是怎样的？

第六章　墙面施工工程（二）

■ **本章知识点**

本章主要介绍木工装修工程中除木质材料以外的墙面施工方法，如复合板材、玻璃、石材等材料。

■ **学习目标**

通过本章的学习，了解复合板材、玻璃、石材等的施工准备和施工要点；掌握木质墙、柱的施工，墙面造型施工工序及工艺；重点掌握石材的施工工序及工艺。

第一节　复合板材

一、复合板材的种类

（一）防火板

防火板又称为耐火板，在装修中主要起防火、装饰的作用。用于装修的防火板主要有菱镁防火板、防火装饰板、三聚氰胺板等，如图6-1所示。

1. 菱镁防火板

菱镁防火板如图6-2所示，又称为菱镁板、玻镁板，是采用氧化镁、氯化镁、粉煤灰、农作物秸秆等工农业废弃物，添加多种复合添加剂制成的防火材料。它具备高强、防腐、无虫蛀、防火等特性，能满足各种装饰设计需求。

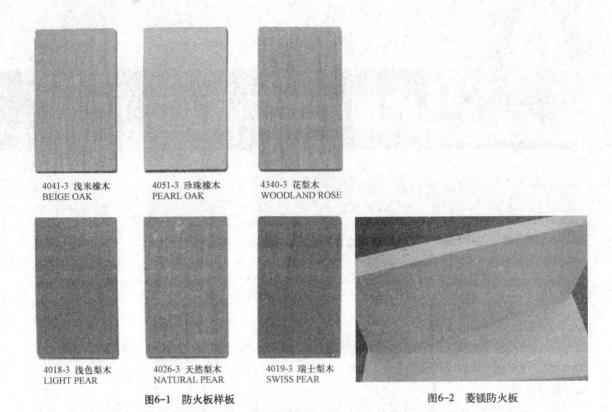

图6-1 防火板样板　　　　　　　图6-2 菱镁防火板

菱镁防火板具有良好的防火性能，属于A1级不燃板材，火焰持续燃烧时间为零，800 ℃环境下不燃烧，1 200 ℃环境下无火苗。在装修中与轻钢龙骨结合制作成隔墙，耐火极限≥3 h，遇火燃烧时能够吸收大量的热能，延迟周围环境温度的升高。在干冷或潮湿的气候里，菱镁防火板的性能比较稳定，不受凝结水珠或潮湿空气的影响，不会变形、变软，不影响正常使用。板材密度为$0.8 \sim 1.2 \ kg/m^2$，能有效减轻装修构造的重量。菱镁防火板质地均匀、密实，质量稳定可靠，加工安装性能卓越，韧性优越，不易断裂，安装方便，可以直接涂饰油漆或直接贴面，能采用湿法或干挂法施工。

菱镁防火板主要用作轻钢龙骨隔墙中的填充材料，可以填充墙裙、门板、家具等装修构造中的缝隙，还能与其他材料制成成品复合板材，如外边增加彩色涂层钢板后，可用于制作户外活动板房。菱镁防火板的规格主要为2 440 mm × 1 220 mm，厚度为3 ~ 18 mm，外观有素板、装饰板多种，其中8 mm厚的素板价格为20 ~ 30元/张。选购时，注意观察板芯质地是否均匀，表面是否平整，劣质板材的板芯孔隙较大且不均衡。可以用指甲用力刮一下板芯，劣质板材则容易脱落粉末。仔细查看板材包装，优质品牌产品均有塑料薄膜覆盖。

2．防火装饰板

防火装饰板又称为防火贴面板、耐火板，是由高档装饰纸、牛皮纸经过三聚氰胺浸染、烘干、高温、高压等工艺制作而成，具体构造是由表层纸、色纸、基纸（多层牛皮纸）三层组成。表层纸与色纸经过三聚氰胺浸染，使防火装饰板具有耐磨、耐划等物理性能，多层牛皮纸使板材具有良好的抗冲击性、柔韧性。板材表面的花纹有极高的仿真性，如纯色、仿木纹、仿石材（图6-3）、仿金属等效果，能起到以假乱真的效果。但是，防火装饰板只是具有一定的防火性能，当外界环境达到200℃以上，板材表面仍会受到破坏。

防火装饰板（图6-4）主要用于橱柜等家具表面装饰，采用强力万能胶可以将板材粘贴到基层木芯板、指接板、胶合板等传统板材表面。防火装饰板的规格为2 440 mm×1 220 mm，厚度为0.8～1.2 mm，其中0.8 mm厚的板材价格为20～30元/张，特殊花色品种的板材价格较高。选购时，要注意识别板材质量，优质防火装饰板应表面图案清晰透彻、效果逼真、立体感强，没有色差，表面平整光滑、耐磨。板材能自由卷曲2.5圈，展开后仍能保持平整。

图6-3　仿石材防火板

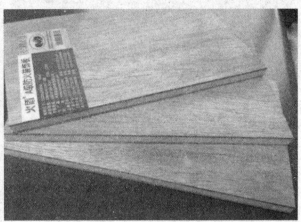

图6-4　防火装饰板

3．三聚氰胺板

三聚氰胺板，全称为三聚氰胺浸渍胶膜纸饰面人造板，简称三氰板或生态板。它是将带有不同颜色或纹理的纸放入三聚氰胺树脂胶粘剂中浸泡，然后干燥到一定程度，将其铺装在木芯板、指接板、胶合板、刨花板、中密度纤维板等板材表面，经热压而成且具有一定防火性能的装饰板，如图6-5所示。

三聚氰胺板一般由表层纸、装饰纸、覆盖纸与基层板等组成。表层纸位于最上层，起保护装饰的作用，使加热、加压后的板面坚硬、耐磨、洁白、干净。装饰纸表面印刷有各种图案，位于表层纸下部，具有良好的遮盖力。覆盖纸位于装饰纸下部，能防止底层酚醛树脂透到表面，遮盖基材表面的色泽、斑点。基层板主要起骨架作用，生产时可根据用途或厚度来确定材料类型，常用高密度纤维板。三聚氰胺板能使装修构造外表光洁，无须上漆，表面自然形成保护膜，具有耐磨、耐划、耐酸碱、耐烫、耐污染等特点，且容易维护清洗。其装饰效果如图6-6所示。

三聚氰胺板一般用于橱柜或成品家具制作，可以在很大程度上取代传统木芯板、指接板等木质构造材料。但是由于其表面覆有装饰层，在施工中不能采用气排钉、木钉等传统工具、材料固定，只能采用卡口件、螺钉进行连接，施工完毕后还需在板面四周贴上塑料或金属边条，防止板芯中的甲醛向外散发。三聚氰胺板的规格为2 440 mm×1 220 mm，厚度为15～18 mm，其中15 mm厚的板材价格为80～120元/张，特殊花色品种的板材价格较高。选购时，要观察板面有无划痕、压痕、孔隙、气泡，颜色光泽是否均匀，有无空鼓现象，有无局部纸张撕裂或缺损现象。如果能闻到三聚氰胺板具有刺鼻气味，则可以断定基层板材质量不佳。

图6-5 三聚氰胺板

图6-6 饰面板衣帽间效果

（二）铝塑板

铝塑板又叫作铝塑复合板，是由上、下两面薄铝层和中间的塑料层构成，上、下层为高纯度铝合金板，中间层为PE塑料芯板。铝塑板如图6-7所示。

铝塑板可以切割、开槽、带锯、钻孔，还可以冷弯、冷折、冷轧，施工非常方便，同时还具有轻质、耐火、耐潮等特点。而且铝塑板还拥有金属的质感和丰富的色彩，装饰性非常强。铝塑板在建筑外观和室内装饰中均有广泛应用，尤其是在建筑外观装饰上，被广泛用于高层建筑的幕墙装修，已成为建筑外墙装饰干挂石、玻璃幕墙、瓷砖、水泥的良好替代材料。在室内，铝塑板目前多用于形象墙、展柜、厨卫吊顶等面层装饰，如图6-8所示。

图6-7 铝塑板

图6-8 铝塑板的装修效果

铝塑板分为室内用板和外墙用板两种。室内用的铝塑板由两层0.21 mm的铝板和芯板组成，总厚度为3 mm；外墙用的铝塑板厚度应该达到4 mm，由两层0.5 mm的铝板和3 mm的芯板材料组成。

铝塑板是一种复合型材料，和木材没有任何关系，也就不存在木制材料的含水率、膨胀率等问题。相对木制板材而言，复合材料的铝塑板、防火板在质量上的问题不多，选购也相对轻松些，只需要注意以下几个问题。

（1）外观。板材尺寸应规范，厚薄均匀，表面平整，板型挺直，摸一下感觉不应太软；表面看上去应整洁，无色差、破损、光泽不均匀等明显的缺陷。

（2）厚度。室内用铝塑板厚度应为3 mm，外墙用铝塑板厚度应为4 mm。如果是双面铝塑板，厚度要增加一倍，即内墙板厚度应为6 mm，外墙板厚度应为8 mm。防火板的厚度应该在0.6 mm以上，最好达到0.8 mm。

（3）韧性。裁下一小条板材用力折弯，好的板材不应发生明显的脆性断裂。

（4）味道。无论铝塑板还是防火板都应无刺鼻的有机溶剂气味。

（三）装饰石膏板

石膏板的板材形式在前面吊顶的章节中已经介绍过，这里主要讲解装饰石膏板，或者叫作石膏花。装饰石膏板是以建筑石膏为主要原料，掺加少量纤维材料等制成的有多种图案、花饰的板材，如石膏印花板、穿孔吊顶板、石膏浮雕吊顶板、纸面石膏饰面装饰板等。它是一种新型的室内装饰材料，适用于中、高档装饰，具有轻质、防火、防潮、易加工、安装简单等特点。装饰石膏板如图6-9、图6-10所示。

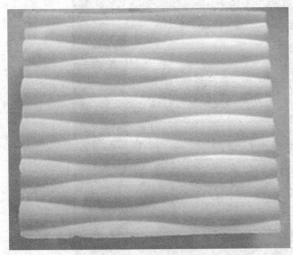

图6-9 波纹石膏板

图6-10 浇筑石膏板

浇筑石膏板具有质轻、防潮、不变形、防火、阻燃等特点，并有施工方便，加工性能好，可锯、可钉、可刨、可黏结等优点。主要品种有各种平板、花纹浮雕板、半穿孔板、全穿孔板、防水板等。花纹浮雕板适用于居室的客厅、卧室、书房吊顶；防水板多用于厨房、卫生间等湿度较大的场所。

装饰石膏线角以建筑石膏为基料，配以增强纤维、胶粘剂等，经搅拌、浇筑成型。其表面光洁、线条清晰、尺寸稳定、强度高、阻燃、可加工性好、拼装容易，采用黏结施工，施工效率高。它可以代替木质线、角来配合各种石膏装饰板的吊顶，使室内装饰装修浑然一体，立体感强，整体性好。装饰石膏线角的价格较低，应用效果好，已成为石膏吊顶装饰板不可缺少的配套材料之一，如图6-11所示。

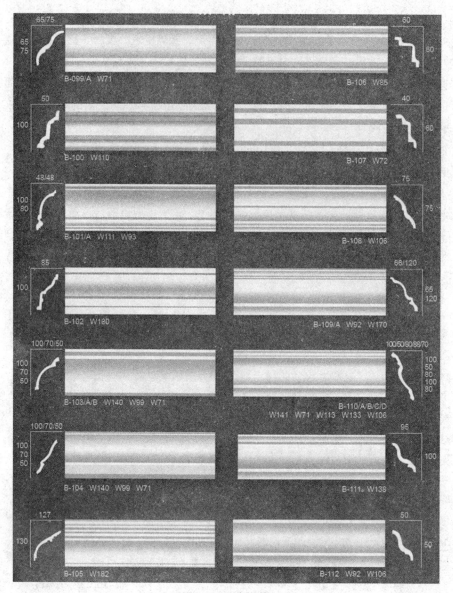

图6-11 石膏线角

吸声石膏板是一种具有较强吸声功能的特种石膏板，它是在纸面石膏板或者装饰石膏板的基础上，打上贯通石膏板的孔洞，再贴上一些能够吸收声能的吸声材料制成的。它利用石膏板上的孔洞和添加的吸声材料能够很好地达到吸声效果，在一些电影院、会议室、KTV、家庭影院等空间中使用非常合适。吸声石膏板如图6-12所示。

（四）水泥板

水泥板是以水泥为主要原材料加工生产的一种建筑平板，是一种介于石膏板与石材之间，可自由切割、钻孔、雕刻的板材，具有一定的防火、防水、防腐、防虫、隔声性能，但是价格远低于石材，是一种目前比较流行的装饰材料。

水泥板种类繁多，按档次主要分为普通水泥板（图6-13）、纤维水泥板（图6-14）、纤维水泥压力板等几种。普通水泥板是普遍使用的产品，主要成分是水泥、粉煤灰、砂。纤维水泥板又称为纤维增强水泥板，与普通水泥板的主要区别是添加了各种纤维作为增强材料，使板材的强度、柔性、抗折性、抗冲击性等大幅提高，添加的纤维主要有矿物纤维、植物纤维、合成纤维、人造纤维等。纤维水泥压力板是在生产过程中由专用压机压制而成的，具有更高的密度，其防水、防火、隔声性能更高，抗冲击性更强。

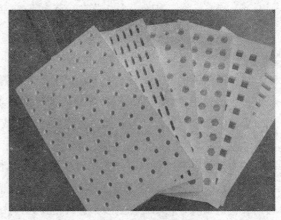

图6-12　吸声石膏板

图6-13　普通水泥板

图6-14　纤维水泥板

在现代装修中，木丝纤维水泥板的使用可以营造出独特的现代风格，一般铺贴在墙面、地面、家具、构造表面，同时可以用在卫生间等潮湿环境中。板材不含石棉，表面平整度非常好，展现出清水混凝土效果。木丝纤维水泥板的规格为2 440 mm×1 220 mm，厚度为6～30 mm，特殊规格可以预制加工，10 mm厚的产品价格为100～200元/张。选购时，要观察板材的质地，应该平整坚实，可以采用0号砂纸打磨板材表面，优质产品不应产生太多粉末，伪劣产品或硅酸钙板的粉末较多。选购时，可以询问商家有无特殊规格，一般厂家只生产6～12 mm厚的板材，不能生产超薄板与超厚板产品，则说明生产条件有限，很难生产出优质产品。

第二节　复合板材施工方法

复合板材由于材质不同，施工构造也不一样，但是都有一定的施工规律。用于室外的复合板材一般采取钉接、挂接的方式，需要采用金属、木材制作基层龙骨。用于室内的复合板材还可以采用黏结、扣接等方式，但是一般限于厚度≤5 mm且质地轻盈的复合板材。

一、铝塑板饰面的施工方法

铝塑板饰面的施工方法有两种：一种是平面粘贴；一种是做室内或者室外的铝塑板幕墙。平面粘贴的主要是造型比较简单的，如室内的形象墙或者室外小的门脸等。铝塑板幕墙一般面积较大，通过连接件与轻钢龙骨连接，然后将缝隙密封而成。

（一）铝塑板平面粘贴施工工艺

首先，根据设计在施工部位放线定位，采用木龙骨或型钢制作龙骨。然后，裁切15 mm厚木芯板制作基层，将其钉接在龙骨上。接着，裁切铝塑复合板，采用强力万能胶粘贴在基层木芯板上。最后，在边角缝隙处填补密封胶，进行密封处理。铝塑板装修效果如图6-15所示。

铝塑板饰面构造的基层一般采用细木工板，不应采用其他材料，建筑外墙安装也可以在铝塑板背后开孔，采用连接件挂接在金属龙骨上，挂接点之间的距离应≤400 mm。铝塑板弯折时一般不宜裁切断开，应在弯折内侧切断表层铝板，并将芯层切出90°凹角，弯折后外表无任何缝隙。铝塑板的裁切、弯压应采用专用工具，不能直接手工弯压，避免发生变形。铝塑板用于饰面安装时，要注意在板材之间保留缝隙，能防止板材缩胀，缝隙之间的间距一般为400~800 mm。铝塑板饰面应采用聚氨酯环氧树脂胶粘贴或填补缝隙，不能采用其他替代产品。铝塑板的施工过程如图6-16所示。

图6-15 铝塑板装修效果

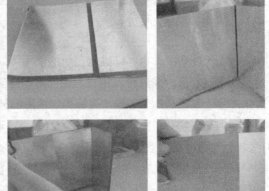

图6-16 铝塑板的施工过程

（二）铝塑板幕墙施工工艺

（1）测量放线：根据主体结构上的轴线和标高线，按设计要求将支撑骨架的安装位置线准确地弹到主体结构上。将所有预埋件打出，并复测其尺寸。测量放线时应控制分配误差，不使误差积累。测量放线应在风力不大于四级的情况下进行。放线后应及时校核，以保证幕墙垂直度及立柱位置的正确性。

（2）安装连接件：将连接件与主体结构上的预埋件焊接固定。当主体结构上没有埋设预埋件时，可在主体结构上打孔安设膨胀螺栓与连接件固定，如图6-17、图6-18所示。

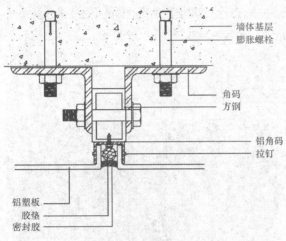
图6-17 连接件安装

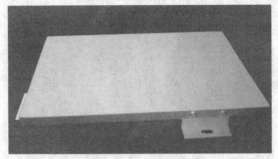
图6-18 连接件用拉铆钉固定

（3）安装骨架：按弹线位置准确无误地将经过防锈处理的立柱焊接或用螺栓固定在连接件上。安装时应随时检查标高和中心线位置。对面积较大、层高较高的外墙铝板幕墙骨架立柱，必须用测量仪器和线坠测量，校正其位置，以保证骨架竖杆铅直和平整正。立柱安装标高偏差不应大于3 mm，轴线前后偏差不应大于2 mm、左右偏差不应大于3 mm；相邻两根立柱标高偏差不应大于3 mm，同层立柱的最大标高偏差不应大于5 mm，相邻两根立柱距离偏差不应大于2 mm。将横梁两端的连接件及垫片安装在立柱的预定位置，并应安装牢固，其接缝应严密；相邻两根横梁的水平偏差不应大于1 mm。同层标高偏差：当一幅幕墙宽度小于或等于35 m时，不应大于5 mm；当一幅幕墙宽度大于35 m时，不应大于7 mm。

（4）安装防火材料：应采用优质防火棉，抗火期要达到有关部门的要求。将防火棉用镀锌钢板固定。应使防火棉连续地密封于楼板与金属板之间的空位上，形成一道防火带，中间不得有空隙。

（5）安装铝板：按施工图用铆钉或螺栓将铝合金板饰面逐块固定在型钢骨架上。板与板之间留缝10~15 mm，以便调整安装误差。金属板安装时，左右、上下的偏差不应大于1.5 mm。铝板安装效果如图6-19所示。

图6-19 铝板安装效果

（6）处理板缝：用清洁剂将金属板及框表面清洁干净后，立即在铝板之间的缝隙中先安放密封条或防风雨胶条，再注入硅酮耐候密封胶等材料，注胶要饱满，不能有空隙或气泡，如图6-20、图6-21所示。

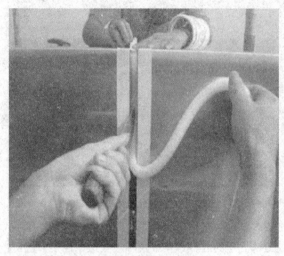

图6-20　板缝处理　　　　　　　　　图6-21　注入硅酮耐候密封胶

（7）处理幕墙收口：收口处理可利用金属板将墙板端部及龙骨部位封盖。

（8）处理变形缝：处理变形缝首先要满足建筑物伸缩、沉降的需要，同时也应达到装饰效果，常采用异性金属板与氯丁橡胶带体系处理。

（9）清理板面：清除板面护胶纸，把板面清理干净。

二、装饰石膏板的施工方法

（1）首先，清理基层界面，分别放线定位，根据设计造型在顶面、地面、墙面钻孔，放置预埋件。然后，沿着地面、顶面与周边墙面制作边框墙筋，并调整到位。接着，分别安装竖向龙骨与横向龙骨，并调整到位。最后，将石膏板竖向钉接在龙骨上，对钉头做防锈处理，封闭板材之间的接缝，并全面检查。

（2）纸面石膏板隔墙最好采用轻钢龙骨制作骨架，应按弹线位置固定沿地、沿顶龙骨及边框龙骨，龙骨的边线应与弹线重合。龙骨的端部应安装牢固，龙骨与基层的固定点间距应≤600 mm，竖向龙骨间距应≤400 mm。安装通贯龙骨时，小于3 m高的隔墙安装1道，3～5 m高的隔墙安装2道。饰面板接缝处如果不在龙骨上时，应加设龙骨固定饰面板。安装纸面石膏板宜竖向铺设，长边接缝应安装在竖向龙骨上。龙骨两侧的石膏板及龙骨一侧的双层板的接缝应错开安装，不能在同一根龙骨上接缝。轻钢龙骨应用自攻螺钉固定，钉接间距应≤200 mm，安装石膏板时应从板材的中部向四周固定。钉头略埋入板内，但不得损坏纸面，钉头应进行防锈处理。石膏板接缝应按设计要求进行处理。石膏板与周围墙或柱应留有3 mm宽的槽口，以便进行防开裂处理。石膏板现场施工如图6-22所示。

图6-22　石膏板现场施工

三、水泥板的施工方法

（1）首先，清理基层界面，分别放线定位，根据设计造型在顶面、地面、墙面钻孔，放置预埋件。然后，根据设计要求裁切水泥板，在对应预埋件的部位钻孔。接着，采用螺钉或螺栓穿过钻孔将水泥板固定在预埋件上。最后，配置调和水泥浆填补孔洞与缝隙，或采用成品构件进行修饰，并全面检查。

（2）水泥板施工方便，钉子的吊挂能力好，手锯就可以直接加工。除了材料本身，施工过程中可以不用制作基层板，直接固定在龙骨上或墙面上，小块板材造型可以使用强力万能胶粘贴，大块板材除了用螺钉或螺栓安装外，还可以先用φ1mm的钻头钻孔，然后用射钉枪固定，填补平整后，喷1~2遍的水性亚光漆，待干即可。为了协调板材与基层材料的缩胀性差异，在安装时要适当保留缝隙，缝隙间距应≤800 mm，缝隙宽度一般为3~4 mm。水泥板安装施工如图6-23、图6-24所示。

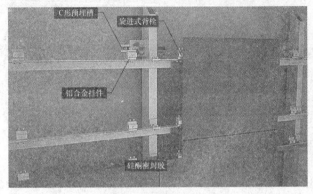

图6-23 水泥板幕墙安装

图6-24 水泥板安装施工图

第三节 装饰玻璃

玻璃在装饰中的应用有着悠久的历史，早在古罗马时期就有玻璃的应用。哥特式教堂更是广泛地采用了彩色玻璃来营造出神秘的宗教氛围。现代玻璃的品种多式多样，在外观和实用性上都有极大地加强，各类装饰玻璃在室内都有着广泛地应用，可以说金属和玻璃是现代主义设计中两大最能体现风格特色的材料。

用玻璃来构筑隔断空间，比如玄关、厨房、客厅隔断、主人房卫浴、办公空间前台等，是较为巧妙的一种设计，既体现了空间的区分，又不与整个空间完全割裂开，既通透、开放，又保证了充足的采光，真正营造了"隔而不断"的意境。

目前，市场上的玻璃品种非常多，各种玻璃工艺品、装饰品层出不穷，对于美化室内空间起到了很大的作用。

一、玻璃的种类

玻璃已经由过去单纯的采光材料向控制光线、节约能源等方向发展，同时玻璃还可以通过着色、磨砂、压花等工艺生产出各种外形漂亮的装饰品种。目前，市场上装饰玻璃的品种非常多，常见的室内装饰玻璃品种如下。

（一）平板玻璃

平板玻璃是最常见的一种传统玻璃品种，其具有较好的透明度且表面光滑平整，所以称为平板玻璃，有时也被称为白玻或者清玻，主要用于门窗制作，起着透光、挡风和保温的作用。平板玻璃如图6-25所示。

按照生产工艺的不同，平板玻璃可以分为普通平板玻璃和浮法玻璃两种。普通平板玻璃是用石英砂岩粉、硅砂、钾化石、纯碱、芒硝等原料，按一定比例配制，经熔窑高温熔融生产出来

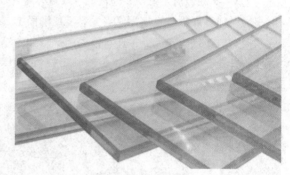

图6-25 平板玻璃

的透明无色的传统玻璃产品。浮法玻璃生产过程是在充入保护气体的锡槽中完成的，熔融玻璃液从池窑中连续流入并漂浮在密度相对比较大的锡液表面，在重力和表面张力的作用下，玻璃液在锡液面上铺开、摊平，形成上下平整、硬化的表面。浮法玻璃比普通平板玻璃具有更好的性能，相对于普通平板玻璃而言，浮法玻璃表面更平滑，透视性更好，厚度更均匀。浮法玻璃是普通平板玻璃的升级产品。

平板玻璃的厚度为3~25mm，常见的厚度有3、4、5、6、8、10、12（mm）七种。一般而言，3~5mm厚的平板玻璃主要用于外墙窗户、推拉门窗等面积较小的透光造型中，而对于一些室内大面积玻璃装饰以及栏杆、地弹簧玻璃门制作等安全性要求更高时，则更宜采用9~12mm厚的玻璃。

平板玻璃除了主要应用于建筑物的门窗外，也是很多品种的装饰玻璃的原片玻璃。以平板玻璃为基础可以加工出磨砂玻璃、磨光玻璃、彩色玻璃、喷花玻璃等多种装饰玻璃。

（二）彩色玻璃

彩色玻璃（图6-26）也是一种常见的装饰玻璃品种，根据透明度可以分为透明、半透明和不透明三种。

透明彩色玻璃是在玻璃原料中加入金属氧化剂从而使玻璃具有各种各样的颜色，例如，加入金呈现红色，加入银呈现黄色，加入钙呈现绿色，加入钴呈现蓝色，加入铵呈现紫色，加入铜呈现玛瑙色。透明彩色玻璃有着很好的装饰性，尤其是在光线的照射下会形成五彩缤纷的投影，造成一种神秘、梦幻的效果，常用于一些对于光

图6-26 彩色玻璃

线有特殊要求的隔断墙、门窗等部位。

半透明玻璃又称为乳浊玻璃，是在玻璃原料中加入乳浊剂，具有透光不透视的特性，在它的基础上还可以加工出钢化玻璃、夹层玻璃、夹丝玻璃、压花玻璃等多种品种，它们同样有着非常不错的装饰性。

不透明彩色玻璃是在平板玻璃的基础上经过喷涂彩色釉或者高分子有色涂料制成的，有时也被称为喷漆玻璃，是目前市场上非常受欢迎的一种装饰玻璃。其既具有塑料板材的多色彩特性，同时又具有玻璃独有的细腻和晶莹，用于室内能够给人很现代的感觉。在此基础上制成的不透明彩色钢化玻璃更是兼具安全性和装饰性。不透明彩色玻璃目前在居室的装饰墙面和商店的形象墙面上都有广泛地应用。

彩色玻璃颜色艳丽，在室内过多使用容易给人花哨的感觉，但对于一些对颜色有特殊要求的地方，比如KTV和儿童房等空间适量使用无疑会形成很强烈的视觉效果。

（三）磨砂玻璃

磨砂玻璃（图6-27）又称为毛玻璃，它是将平板玻璃的一面或者两面用金刚砂、硅砂、石榴粉等磨料经机械喷砂、手工研磨或用氢氟酸溶蚀等方法处理成均匀毛面。磨砂玻璃具有透光不透视的特性，射入的光线经过磨砂玻璃后会变得柔和、不刺眼。

磨砂玻璃主要应用在要求透光而不透视、隐秘不受干扰的空间，如厕所、浴室、办公室、会议室等空间的门窗；同时还可以作为各种空间的隔断材料，可以起到隔断视线，柔和光环境的作用；也可用于要求分隔区域而又要求通透的地方，如玄关、屏风等。

市场上还有一种外观上类似磨砂玻璃的喷砂玻璃品种，它是压缩空气将细砂喷至平板玻璃表面上进行研磨制成的。喷砂玻璃在外观和性能上与磨砂玻璃极其相似，不同的是改磨砂为喷砂。由于两者视觉上很相似，很多业主，甚至是专业人士都把它们混为一谈。

在喷砂玻璃的基础上还可以加工出市场上风靡一时的裂纹玻璃，又叫作冰花玻璃。裂纹玻璃一经面世就受到市场的强烈追捧，到目前为止是市场上最热销的一种玻璃品种。它是将具有很强附着力的胶液均匀地涂在喷砂玻璃表面，因为胶液在干燥过程中会造成体积的强烈收缩，而胶体与玻璃表面又具有良好的黏结性，这样就使得玻璃表面发生不规则撕裂现象，也就制成了市面上很流行的裂纹玻璃了，如图6-28所示。

图6-27　磨砂玻璃

图6-28　裂纹玻璃

此外，还有一种模仿磨砂玻璃的效果制造出来的半透明玻璃纸，贴在平板玻璃的表面也能够模拟出磨砂玻璃的效果。

（四）压花玻璃

压花玻璃又称为花纹玻璃或滚花玻璃，是在平板玻璃硬化前用带有花样图案的滚筒压制而成的，表面带有各种压制而成的纹理和图案，在装饰性上要明显强于平板玻璃。因为表面有各种图案和纹理，因而压花玻璃和磨砂玻璃一样具有透光不透视的特点。压花玻璃如图6-29所示。

在应用上，压花玻璃也和磨砂玻璃一样，多用在一些要求透光而不透视、隐秘不受干扰的空间，但由于压花玻璃的装饰性更强，在一些有较高装饰要求的墙面上，如电视背景墙等处也可采用。

图6-29 压花玻璃

（五）钢化玻璃

钢化玻璃是将玻璃加热到接近玻璃软化点的温度（600 ℃～650 ℃）以急剧风冷或用化学方法钢化处理所得的强化玻璃品种，又称为强化玻璃，是一种安全的玻璃品种。在相同厚度下，钢化玻璃的强度比普通平板玻璃高3～10倍；抗冲击性能也比普通玻璃高5倍以上。钢化玻璃的耐温差性能也非常好，一般可承受150 ℃～200 ℃的温差变化，耐候性更强。

最为重要的是，钢化玻璃被敲击不易破裂，用力敲击时会呈网状裂纹，彻底敲击破碎后碎片呈钝角颗粒状，棱角圆滑，对人体不会有严重伤害。相比普通玻璃破碎后生成很多剧烈尖角的碎片，要安全得多。

钢化玻璃按形状可分为平面钢化玻璃和曲面钢化玻璃。钢化玻璃的最大问题是不能切割、磨削，边角不能碰击，必须按照设计要求的尺寸定做。此外，钢化玻璃在使用过程中不能溅上火花，否则在风力作用下伤痕将会逐渐扩散，最终导致碎裂。

钢化玻璃的应用很广泛，除了可以用于平板玻璃的应用范围外，还可以用于地面。运用在别墅或者复式楼房的楼梯、楼道上，无疑会给人一种惊喜的感受。在一些追求新颖的公共空间也常采用，在架空的钢化玻璃下面的地面上再铺上细砂和鹅卵石，配上灯光，营造出的效果非常不错。此外，钢化玻璃也经常被用作隔断，尤其在家居空间的浴室中经常被采用，如图6-30所示。

图6-30 钢化玻璃

（六）夹层玻璃、夹丝玻璃

夹层玻璃一般由两片或多片平板玻璃（主要是钢化玻璃或浮法玻璃）和夹在玻璃之间的胶合层构成的。夹层玻璃中间的胶合层黏结性能非常好，当玻璃受到冲击破裂时，中间夹的胶合层能够将玻璃碎片黏结住，这样就避免了玻璃破碎后产生锋利的碎片四溅伤人。

夹层玻璃适用于天窗、幕墙、商店和高层建筑窗户等对安全性要求较高的地方。电影中经常听到的防弹玻璃实际上也是夹层玻璃的一种。防弹玻璃是采用多层钢化玻璃制作而成的，在一些需要很高安全级别的银行或者高级别住宅空间中使用较多。夹层玻璃如图6-31所示。

夹丝玻璃和夹层玻璃一样，也是一种安全玻璃，不同的是夹丝玻璃是在两层玻璃中间的有机胶片或无机胶粘剂的夹层中再加入金属丝、网等物。加入了丝或网后，不仅可以提高夹丝玻璃的整体抗冲击强度，而且由于中间有铁丝网的骨架，在遭受冲击或温度剧变时，使玻璃破而不缺，裂而不散。同时还能与电加热和安全报警系统相连接具有多种功能。

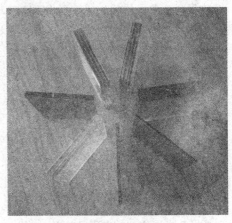

图6-31　夹层玻璃

夹丝玻璃有一个重要的功能，就是防火性能。如火灾蔓延，夹丝玻璃受热炸裂时，因为玻璃中间有胶合层及金属丝、网等物，所以仍能保持固体状态，起到隔绝火势和火焰粉尘的入侵，有效地防止火焰从开口处扩散蔓延，故有时又被称为防火玻璃。防火门的玻璃制品首选就应该是夹丝玻璃。但夹丝玻璃也有其自身的问题，就是透光度相对于其他玻璃品种而言较差。

（七）中空玻璃

中空玻璃是一种新型的节能玻璃品种，它是由两层或两层以上平板玻璃或钢化玻璃所构成的，玻璃与玻璃之间保持一定的间隔，四周用高强度、高气密性复合胶粘剂密封，中间充入干燥气体或惰性气体。相对于普通的平板玻璃而言，中空玻璃有着更好的隔热、隔声和节能等性能。

中空玻璃最大的优点是在其中间的空气层能够有效降低玻璃两侧的热交换，起到很好的环保、节能的效果。由于中空玻璃密封的中间空气层导热系数较平板玻璃要低得多，因此，与单片玻璃相比，中空玻璃的隔热性能可提高两倍以上，用于建筑物的窗户玻璃能够大幅度降低空调的能耗。而且中间的空气层间隔越宽，隔热、隔声性能就越好。夏天可以隔热，冬天则保持室内热量不易流失，节能效果显著，是目前建筑窗户用玻璃产品的首选。除了隔热性能良好外，中空玻璃的隔声性能也比普通平板玻璃要强很多，对于一些路边的建筑物而言，采用中空玻璃能够使得室内噪声污染大幅度降低。

中空玻璃多用作窗户玻璃，有双层和多层之分，玻璃多采用3、4、5、6（mm）厚的平板玻璃或钢化玻璃原片，空气层厚度多为6、9、12（mm）。中空玻璃如图6-32所示。

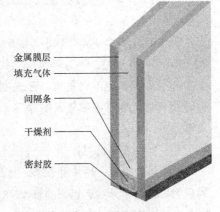

图6-32　中空玻璃

（八）激光玻璃

激光玻璃又称为光栅玻璃，是国际上十分流行的一种新型建筑装饰材料。它是以平板玻璃或钢化玻璃为原材，采用高稳定性的结构材料涂敷一层感光层，利用激光在玻璃表面构成各种图案的全息光栅或几何光栅，在同一块玻璃上甚至可形成上百种图案。激光玻璃如图6-33所示。

图6-33 激光玻璃

激光玻璃的最大特点在于其光色、光影效果突出，当光源照在激光玻璃上时，会产生五彩斑斓的光色、光影效果，而且随着照射角度的变化，激光玻璃所产生的光色、光影效果也不断变化。这种五光十色、变化多端的效果是其他玻璃品种都不具备的。

激光玻璃的特点决定它更适合于一些酒吧、酒店、影院、宾馆大堂等公共文化娱乐场所以及商业场所，在居室中的应用目前还比较少，但在一些家庭自带的小酒吧中也可以采用。

（九）玻璃砖

玻璃砖又称特厚玻璃，有空心和实心两种。实心玻璃砖是采用机械压制方法制成的，因为实心的缘故，所以很重，在市场上的应用相对较少；空心玻璃砖是采用箱式模具将玻璃加热熔接成整体，在中间空心部分充以干燥空气，经退火后制成，是目前市场上玻璃砖的主流产品。

玻璃砖相对于其他玻璃品种而言显得特别厚重，而且由于表面大多压制了各种纹理，在装饰性上有其自身独有的效果。因为表面有各种纹理，和压花玻璃一样，玻璃砖也具有透光不透视的特点，在室内多用于隔断墙的制作，在透光良好的前提下，还具有隔声、隔热、防水的优点，比起采用石膏板或者砖制成的隔断墙有其独具的优点，如图6-34所示。

玻璃砖的尺寸一般有145、195、250、300（mm）等规格，不管哪种尺寸的规格看上去都很厚实，但不管是实心还是空心的玻璃砖都只能起到隔断和装饰的作用，绝不能承重。

图6-34 玻璃砖

（十）热反射玻璃

热反射玻璃是一种特种玻璃，其最大的优点就在于对可见光有适当的透射率，对红外线有较高的反射率，对紫外线有较高的吸收率，因此市场上有时也称之为阳光控制玻璃。热反射玻璃在制作时会在玻璃表面镀一层或多层诸如铬、钛等金属或金属化合物组成的薄膜，使产品具有多种颜色，目前多用于高层建筑窗户和玻璃幕墙，如图6-35所示。

（十一）热熔玻璃

热熔玻璃是一种新型装饰玻璃品种，在市场上的兴起也是近些年的事情。热熔玻璃是采用特制热熔炉，以平板玻璃和无机色料等作为主要原料，在加热到玻璃软化点以上，经特制成型模模压成型后退火而成。

热熔玻璃的最大特点是图案复杂精美、色彩多样，艺术性较强，同时外观晶莹夺目，根据这些特点，所以，市场上有时也称之为水晶立体艺术玻璃。热熔玻璃以其独具的造型和艺术性也日渐受到市场的欢迎，如图6-36所示。

图6-35 热反射玻璃

图6-36 热熔玻璃

（十二）调光玻璃

调光玻璃是一款将液晶膜复合进两层玻璃中间，经高温高压胶合后一体成型的夹层结构的新型特种光电玻璃产品。使用者通过控制电流的通断与否控制玻璃的透明与不透明状态。玻璃本身不仅具有一切安全玻璃的特性，同时，又具备控制透明与否的隐私保护功能，由于液晶膜夹层的特性，调光玻璃还可以替代普通幕布作为投影屏幕使用。

根据控制手段及原理的异同，调光玻璃可借由电控、温控、光控、压控等各种方式实现从透明到不透明状态的切换。由于各种条件限制，目前市面上实现量产的调光玻璃几乎都是电控型调光玻璃。电控调光玻璃的原理比较容易理解：当关闭电源时，电控调光玻璃里面的液晶分子会呈现不规则的散布状态，使光线无法射入，让玻璃呈现不透明的外观。调光玻璃如图6-37所示。

图6-37 调光玻璃

二、玻璃的选购

装饰玻璃的种类非常多，但大多数装饰玻璃都是在平板玻璃和钢化玻璃的基础上加工而成的，所以，只需要掌握平板玻璃和钢化玻璃的选购要点即可。在选购彩色玻璃、磨砂玻璃、压花玻璃、夹层玻璃、夹丝玻璃、激光玻璃、热熔玻璃、玻璃砖等装饰玻璃品种时，在质量上可以参看平板玻璃及钢化玻璃的选购内容，除此之外，还要重点查看这些装饰玻璃的纹理、颜色和装饰效果，同时，还需要注意和室内装饰风格保持一致。

（一）平板玻璃的选购

（1）玻璃的表面应平整且厚薄一致，可以将两块玻璃平叠在一起，使其相互吻合，隔几分钟再揭开。若玻璃很平整且厚薄一致，那么两块玻璃的贴合一定会很紧密，揭开时会比较费力。

（2）将玻璃竖起来看，应该边角平整，无瑕疵，同时，外观无色透明或带有淡绿色；表面应该没有或少有气泡、结石、波筋等瑕疵。另外，玻璃表面应该没有一层白翳，白翳的生成通常是因为在较潮湿的环境存放时间过长导致的。

（二）钢化玻璃的选购

（1）正宗的钢化玻璃仔细看有隐隐约约的条纹，这种条纹叫作应力斑。应力斑是钢化玻璃没有办法消除的东西，没有肯定是假的。但也不应该有太多的应力斑，过多的应力斑会影响视觉效果。

（2）钢化玻璃之所以是一种安全玻璃，在于其碎裂后颗粒为细小的钝角状，不会对人体造成大的伤害，这点也是检测钢化玻璃质量的一个重要指标。如在选购调光玻璃时查看定做厂家在切割时遗留的废料是否为钝角颗粒状。另外，好的钢化玻璃品种还应该进行均质处理，因为钢化玻璃有一种自身固有的问题，就是会自爆。但经过均质处理后这种问题可以基本得到解决。

第四节　墙面装饰石材

一、装饰石材的概念

石材种类繁多，主要包括天然石材、人造石材两大类。石材质地厚实、色彩丰富，广泛用于各种室内外装修。艺术石材分类明确，主要用于装修中的艺术景观制作，具有古典气息。但是，天然石材属于不可再生材料，因此价格较高，应用时要注意识别品质，务必选用质地紧密、安全环保的产品。

随着科学技术的进步，近年来发展起来的人造石材无论在材料质地、生产加工、装饰效果、产品价格等方面都显示出了优越性,成为一种有发展前途的新型装饰材料,已经运用到装修的各个领域。

二、装饰石材的常用种类

(一)大理石

大理石因早年多产于云南大理而得名,是一种变质岩或沉积岩,主要由方解石、石灰石、蛇纹石和白云石等矿物成分组成。其化学成分以碳酸钙为主,占50%以上。碳酸钙在大气中容易和二氧化碳、碳化物、水发生化学反应,所以大理石比较容易风化和溶蚀,而使表面很快失去光泽。这个特性导致大理石更多地被应用于室内装饰而不是室外。大理石具有很多种颜色,相比而言,白色成分单一比较稳定,不易风化和变色,如汉白玉(所以汉白玉多用于室外);绿色大理石次之,暗红色、红色大理石最不稳定,基本上都只能用于室内。同时,大理石属于中硬石材,在硬度上也不如花岗石,相对比较容易出现划痕。

大理石最大的优点在于其拥有非常漂亮的纹理。大理石纹理多呈放射性的枝状,相比而言,花岗石纹理更多的是呈斑点状,在外观上不及大理石漂亮,这也是区分大理石和花岗石的最有效方法。大理石品种非常多,有多种颜色和纹理的大理石可以选用。大理石如图6-38所示。

大理石是一种高档石材,在一些较豪华的空间经常使用,对于一般的室内装修,则多在一些台面、窗台、门槛等处局部应用,如图6-39所示。

图6-38 大理石

图6-39 大理石厨房台面

大理石还有一个作用就是制作大理石拼花,大理石拼花作为室内地面的点缀性装饰在室内装饰中有着广泛地应用,如大堂、门厅、过道等处都有应用,对室内氛围起烘托的作用,使室内显得更为大气、豪华,如图6-40所示。

(二)花岗石

花岗石又称花岗岩,是一种火成岩,其矿物成分主要是长石、石英和云母,其特点是硬度高,耐压、耐磨、耐腐蚀,日常使用不易出现划痕。而且花岗石耐用程度高,外观色泽可保持百年以上,有"石烂需千年"的美称。

花岗石纹理通常为斑点状。花岗石与大理石一样,也有着很多的颜色和纹理可供选择,市场上常见的花岗石品种如图6-41所示。由于花岗石不易风化、溶蚀且硬度高、耐磨性能好,因而可以广泛地应用于室外及室内装饰中,在高级建筑装饰工程的墙基础、外墙饰面、室内墙面、地面、柱面都有广泛地应用。

图6-40 大理石地面拼花

图6-41 花岗石

(三) 文化石

文化石是指开采于自然界的石材,主要是将板岩、砂岩、石英石等石材进行加工,成为一种装饰石材(图6-42)。文化石材质坚硬、色泽鲜明、纹理丰富、风格各异,具有抗压、耐磨、耐火、耐寒、耐腐蚀、吸水率低、可无限次擦洗等特点。但是装饰效果受石材原有纹理限制,除方形石外,其他的施工较为困难,尤其是拼接时要讲究色彩搭配。

目前,文化石应用很广,一般用于酒吧、餐厅等高档公共空间,或用于家居空间的背景墙(图6-43),也可以用于建筑外墙装饰。天然文化石的价格比较低,一般为40~80元/m^2,规格多样,具体尺寸还可以订制。在选购时应注意,单块型材边长一般应≥50 mm,厚度应≥10 mm。如果将文化石铺装在户外,尽量不要选用砂岩类的石料,因为这类石料容易渗水,即使表面做了防水处理,也容易受日晒雨淋致使防水层老化。

图6-42 文化石

图6-43 文化石效果

(四)人造石

人造石是人造大理石和人造花岗石的统称,其中又以人造大理石应用最为广泛,是一种以天然花岗石和天然大理石的石碴为集料经过人工合成的新型装饰材料。按其生产工艺过程的不同,人造石又可分为树脂型人造石、复合型人造石、硅酸盐型人造石和烧结型人造石四种,其中以树脂型人造石的应用最为广泛。室内装饰工程中采用的人造石材多为树脂型人造石,在橱柜的台面更是得到了全面地应用,如图6-44所示。

图6-44 人造石

树脂型人造石是以不饱和聚酯树脂为胶粘剂,与天然大理石碎石、石英砂、方解石、石粉或其他无机填料按一定比例配合,再加入催化剂、颜料等外加剂,经混合搅拌、固化成型、脱膜烘干、表面抛光等工序加工而成。

人造石材在防油污、防潮、防酸碱、耐高温方面都强于天然石材。人造石能仿制出天然大理石和天然花岗石的色泽和纹理,但是相对于真正的天然石材而言,其纹理人工痕迹还是比较明显的,看起来比较不真实,这就类似于实木地板和复合木地板在纹理上的区别。人造石最为突出的优点是其抗污性要明显强于天然石材,对酱油、食用油、醋等基本不着色或者只有轻微着色,所以多用于橱柜、卫生间等对实用功能要求较高的空间,尤其是在橱柜的台面上应用极多,是目前橱柜台面生产的主流产品。市场上出售的各种品牌的橱柜产品大多数都是采用的人造石台面。这里需要特别强调的是,人造石的装饰效果其实也非常好,比天然石材更显简洁、现代,非常符合目前室内设计中简约化设计的潮流。

(五)微晶石

微晶石又称为微晶玻璃复合石材,是将微晶玻璃复合在陶瓷玻化石的表面,经过烧结后完全融为一体的人造石材,如图6-45所示。

微晶石质地均匀,密度大,硬度高,抗压、抗弯、耐冲击等性能优于天然石材,经久耐磨,不易受损,更没有天然石材常见的细碎裂纹。微晶石板面光泽晶莹柔和,既有特殊的微晶结构,又有特殊的玻璃基质结构,对射入光线能产生扩散漫反射效果,使人感觉柔美和谐。

微晶石一般以水晶白、米黄、浅灰、白麻等色系最为流行,吸水率极低,几乎为零,多种污秽浆泥、染色溶液不易侵入渗透,依附于表面的污物也很容易清除擦净。还可用加热方法将微晶石制成所需的各种弧形、曲面板,具有工艺简单、成本低的优点,避免了弧形石材加工大量切削、研磨耗时、耗料、浪费资源等弊端。但是,微晶石表面硬度低于抛光砖,由于表面光泽度较高,如果有划痕会很容易显现出来。另外,其表面有一定数量针孔,遇到污垢很容易显现。

微晶石主要用于地面、墙面、家具台柜铺装,常见厚度为12~20 mm,可以配合施工要求调整,宽度一般为0.6~1.6 m,长度一般为1.2~2.8 m,价格为80~120元/m^2。

选购时,要注意识别微晶石的光亮度与透明层,优质产品显得特别光亮,可以对着光仔细察看石材表面,其表层材质应为透明或半透明物质,厚度一般为3~5 mm,虽然透明层上有些图案、花纹，但是不影响其真实的透明质感。也可以从侧面观察，能清晰地看到透明层的存在。微晶石电视背景墙如图6-46所示。

图6-45 微晶石

图6-46 微晶石电视背景墙

三、石材的选购

（一）看石材的质地

可以在石材的背面滴几滴水，如果水很快被全部吸收了，即表明石材内部颗粒松散或存在缝隙，石材质量不好；反之，若水滴凝在原地基本不动，较少被吸收，则说明石材质地细密。

（二）看石材的外观

在光线充足的条件下，查看石材是否平整，棱角有无缺陷，有无裂纹、划痕、砂眼；石材表面纹理是否清晰，色调是否纯正。正规厂家生产的天然石材板材有A、B、C三个等级：优等品为A，一等品为B，合格品为C。等级依据板材的规格尺寸允许的偏差、外观质量和表面光泽度等指标参数进行划定。

（三）听石材的敲击声音

一般而言，质量好的石材敲击声清脆悦耳；相反，若石材内部存在裂隙或因风化导致颗粒疏松，则敲击声粗哑。

（四）检查石材的放射性

所有的天然石材都具有一定的放射性，但只要其放射性不对人体造成危害即可应用于室内装饰。国家根据天然石材放射性的强弱将其分为A、B、C三个等级，其中只有A级石材是被允许用于室内的。

四、墙面石材装饰施工方法

天然石材质地厚重，在施工中要注意强度要求，现场常用的墙面铺装方式为干挂与粘贴两种。

其中，干挂施工适用于面积较大的墙面装修；粘贴施工适用于面积较小的墙面、结构外部装修。

（一）天然石材干挂施工步骤

1. 施工方法

首先，根据设计在施工墙面放线定位，采用角钢制作龙骨网架，通过膨胀螺栓固定至墙面上。然后，对天然石材进行切割，根据需要在侧面切割出凹槽或钻孔。接着，采用专用连接件将石材固定至墙面龙骨架上。最后，调整板面平整度，在边角缝隙处填补密封胶，进行密封处理，如图6-47所示。

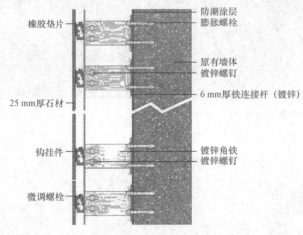

图6-47 干挂大理石示意图

2. 构造要点

在墙上布置钢骨架，水平方向的角钢必须焊在竖向角钢上。按设计要求在墙面上制作控制网，由中心向两边制作，应标注每块板材与挂件的具体位置。安装膨胀螺栓时，按照放线的位置在墙面上打出膨胀螺栓的孔位，孔深以略大于膨胀螺栓套管的长度为宜，埋设膨胀螺栓并予以紧固。挂置石材时，应在上层石材底面的切槽与下层石材上端的切槽内涂胶。清扫拼接缝后即可嵌入橡胶条或泡沫条，并填补勾缝胶封闭。注胶时要均匀，胶缝应平整饱满，也可稍凹于板面，并按石材的出厂颜色调成色浆嵌缝，边嵌边擦干净，以使缝隙密实均匀、干净、颜色一致。干挂施工步骤如图6-48～图6-53所示。

图6-48 安装龙骨网架

图6-49 大理石开槽

图6-50 开槽位置

图6-51 挂件固定

图6-52 云石胶固定

图6-53 调整位置

(二)天然石材粘贴施工步骤

(1)施工方法。首先,清理墙面基层,必要时用水泥砂浆找平墙面,并做凿毛处理,根据设计在施工墙面放线定位。然后,对天然石材进行切割,并对应墙面铺贴部位标号。接着,调配专用石材胶粘剂,将其分别涂抹至石材背部与墙面,将石材逐一粘贴至墙面。最后,调整板面平整度,在边角缝隙处填补密封胶,进行密封处理。

(2)构造要点。石材粘贴施工虽然简单,但是胶粘剂成本较高,一般适用于小面积施工。施工前,粘贴基层应清扫干净,去除各种水泥疙瘩,采用1:2.5水泥砂浆填补凹陷部位,或对墙面做整体找平。石材胶粘剂应选用专用产品,一般为双组分胶粘剂,根据使用说明调配。涂抹胶粘剂时应用粗锯齿抹子抹成沟槽状,以增强吸附力。胶粘剂要均匀饱满。施工完毕后应养护7天以上。

第五节　其他板材

一、金属板材

轻型钢板属于冷轧钢板，又称为白铁板（皮），表面具有特殊镀层，质地较轻且硬度较高，具有很强的应用价值。由于普通钢板受潮即会产生氧化锈蚀，因此要在表面加上防腐保护层，一般防腐镀层为镀锌或镀铝锌。另外，在镀锌钢板与镀铝锌钢板的基础上增加涂层，即彩色涂层钢板。

镀锌钢板是指表面镀有一层锌的钢板。用于装修的镀锌钢板一般为较薄的冷轧钢板为了防止表面遭受腐蚀，在表面涂上一层金属锌（图6-54、图6-55）。镀锌钢板的镀锌工艺较多，常见的有热浸镀锌钢板与电镀锌钢板两种。热浸镀锌钢板是将薄钢板浸入熔解的锌槽，使其表面黏附锌的薄钢板。电镀锌钢板是采用电镀法来生产，使镀锌钢板具有良好的加工性，但是镀锌层较薄，耐腐蚀性不如热浸镀锌钢板。

图6-54　镀锌钢板（一）

图6-55　镀锌钢板（二）

镀锌钢板主要用于金属家具、构造的围合，或用于庭院、阳台中的特殊构造，如搭建顶棚、阳光房、仓库等。镀锌钢板的规格为2 500 mm×1 250 mm，厚度为0.5～3 mm，其中1.2 mm厚的产品比较硬朗，使用频率较高，价格为150～200 元/张。

二、铝合金扣板

铝合金扣板简称铝扣板，是指将较单薄的铝合金板材裁切、冲压成型，是目前最流行的装修吊顶材料。铝合金扣板安装时需要配套龙骨，还要考虑搭配尺寸相当的电器、灯具等设备，因此，现代铝合金扣板吊顶要逐渐演变成集成吊顶。

由于纯铝的强度不高，目前用于集成吊顶的铝合金扣板材料均为铝质合金材料，市场上销售的铝合金扣板材质由高到低依次为铝镁合金、铝锰合金、普通铝合金、返炼铝合金等。铝合金扣板主要用于厨房、卫生间、餐厅、走道、封闭阳台等空间的吊顶，也可以根据设计要求用于特殊部位，如户外屋檐下。

在前面吊顶施工工程中已经介绍过铝合金扣板，这里就不再重复介绍了。

三、不锈钢钢板

不锈钢钢板是指耐空气、蒸汽、水等弱腐蚀介质与酸、碱、盐等化学浸蚀性介质腐蚀的钢板。不锈钢钢板的耐蚀性取决于自身所含的合金元素，主要包括镍、钼、铬、铌、铜、氮等，以满足各种用途。不锈钢钢板表面可加工成白色不反光、亚光、高光等多种效果，如通过化学浸渍着色处理，可以得到褐、蓝、黄、红、绿等各种彩色不锈钢。不锈钢钢板表面光洁，有较高的塑性、韧性与力学强度，且耐腐蚀。板材表面效果多样，有普通板、磨砂板、拉丝板、镜面板、冲压板、彩色板等品种，如图6-56所示。

图6-56 不锈钢钢板

不锈钢钢板按制法可分为热轧与冷轧两种。在装修中常用的产品较薄，包括0.02～4 mm厚的薄板与4～20 mm厚的中板。不锈钢薄板主要用于潮湿、易磨损或对保洁度要求较高的部位，如台面、门窗套、踢脚线、门板底部、背景墙、墙面局部装饰等，一般须在基层安装木芯板，再将不锈钢钢板粘贴上去。如果用于户外，也可以采取挂贴的方式施工，8 mm厚的不锈钢钢板可以裁切成板条，用于户外庭院的栏板制作。

常用的不锈钢钢板规格为2 400 mm×1 200 mm，厚度为0.6～1.5 mm，其中1 mm厚的产品使用最多，价格根据产品型号不同，201型不锈钢钢板为300元/张，304型不锈钢钢板为500元/张。选购时，要考虑板材受压时的强度要求，选用相应的规格等。如果不锈钢钢板的厚度不够，容易弯曲，会影响装饰板生产；如果厚度过大，钢板过重，不仅增加成本，也会给操作上带来困难。

四、亚克力板

亚克力板又称为聚甲基丙烯酸甲酯板或有机玻璃板，简称为PMMA板，是一种常见的装饰塑料板材，如图6-57所示。

亚克力板按加工成型方法分类，可以分为浇铸板与挤出板

图6-57 亚克力板

两种。其中，浇铸板的密度较高，具有出色的刚度、强度以及优异的抗化学品性，适合在装修现场进行小批量加工，产品规格齐全，样式繁多，在装修中用于各种定制加工的发光灯箱，色彩丰富、美观，兼顾白天、夜晚两种视觉效果。挤出板的密度较低，力学性能稍弱，但是有利于折弯或热成型加工，有利于快速真空吸塑成型，如图6-58所示。

亚克力板的抗拉伸与抗冲击能力比普通玻璃高8倍。它的密度小，同等规格的亚克力板，其重量只有普通玻璃的50%左右。亚克力板具有极佳的透明度，作为无色透明的有机玻璃板材，透光率达92%以上，比玻璃的透光度高。它对自然环境适应性很强，即使长时间经受日光照射、风吹雨淋也不会发生改变，抗老化性能好，能用于室外。

亚克力板可以染色，还可以进行喷漆、丝网印刷或真空镀膜，具有无色透明、有色、珠光等样式。另外，亚克力板无毒，燃烧时所产生的气体也无毒害。亚克力板常用于门窗玻璃、扶手护板、透光灯箱片、成品家具等，在装修中可以替代面积不大的普通玻璃，如图6-59所示。

图6-58 亚克力字

图6-59 亚克力玻璃

亚克力板常见规格为2 440 mm×1 220 mm、1 830 mm×1 220 mm、1 250 mm×2 500 mm、2 000 mm×3 000 mm，厚度为1~50 mm，价格也因此不同。常用的2 440 mm×1 220 mm×3 mm透明PMMA板价格为20~30元/张。选购时，应注意中高档产品双面都有覆膜，普通产品只是一面有覆膜，覆膜表面应该平整、光洁，没有气泡、裂纹等瑕疵，用手剥开后能感到具有次序的均匀感，无特殊阻力或空洞。

课后思考

1. 石材干挂有哪些注意事项？
2. 收集各种装饰玻璃的样本，仔细比较各自特色。
3. 考察铝塑板装修构造，绘制详细剖面图。
4. 考察亚克力发光灯箱，绘制详细剖面图。

第七章 地面施工工程

■ **本章知识点**

本章主要讲解地面的装饰材料与施工的知识,包括块材式地面材料的分类与施工工艺,如石材、地板;人造软质制品装饰材料的特点与施工工艺,如地毯、塑胶、橡胶地面等。

■ **学习目标**

通过本章的学习,掌握地面的装饰材料与施工的知识,熟悉地面装饰的主要结构类型、构造形式及地面装饰材料的属性和性能等,掌握地面装饰材料的施工工艺。

楼地面装饰是装饰工程中的重要内容,楼地面是人们在日常生活中经常进行摩擦、清洗和冲洗的部分。因此在楼地面装饰上,除美观、舒适外,还要满足使用和功能上的需求。按照构造处理方式的不同来分,楼地面装饰主要有以下几种:

(1)整体式地面:包括水泥地面、水磨石地面、涂饰地面。

(2)块材地面:包括陶瓷地砖地面、石材地面。

(3)木制地面:包括实木地板地面、实木复合地板地面、复合地板地面、竹木地板地面。

(4)软质地面:包括地毯地面、塑胶地面、橡胶地面。

以上地面装饰中有不少由于其自身的材料和施工工艺的问题,已经在室内装修中处于被淘汰的边缘,如塑胶地面、橡胶地面、水泥地面等。

第一节 地面装饰石材

石材作为建筑装饰材料有着非常悠久的历史;自古以来就为世界各地的人们所喜爱。很多经典建筑都是运用天然石材作为装饰的典范,例如,古希腊的雅典卫城,现代的流水别墅,是其中的典型代表。

一、装饰石材的常用材料

目前，装饰用的石材大体上可以分为天然石材和人造石材两种。天然石材指的是从天然岩体中开采出来，再经过人工加工形成的块状或板状材料的总称，常用的品种主要有大理石和花岗石等；人造石材多是以天然石材的石碴为集料制成的块状或板状材料，包括人造大理石、人造花岗石等品种。另外，文化石也是常用的装饰石材品种。

在墙面装饰的章节中已经介绍过部分石材，这里就不重复介绍了，本节主要讲解地面装饰类的石材。

（一）水泥人造石

水泥人造石是以各种水泥或石灰磨细砂为胶粘剂，砂为细集料，碎花岗岩、大理石、工业废渣等为粗集料，经配料、搅拌、成型、加压蒸养、磨光、抛光等工序制成的人造石材。水泥人造石的抗风化能力、耐火性、防潮性都优于一般天然石材。

水泥人造石多采用铝酸盐水泥制作，掺入耐磨性良好的砂子与石英粉作填料，加入适量颜料后入模制成，表面光滑，具有光泽。普通水泥人造石的面层经过特殊工艺处理，在色泽、花纹、物理、化学性能等方面都优于其他类型的人造石材，装饰效果可以达到以假乱真的程度，如图7-1所示。

普通水泥人造石取材方便，价格低，色彩可以任意调配，花色品种繁多，可以被加工成文化石，铺装成各种不同图案或肌理效果。制作厚40 mm的彩色水泥人造石，价格为40～60元/m²。水泥人造石强度不及其他天然石材，因此不宜用于构造的边角等易碰撞处。在使用过程中要注意养护，防止经常性磨损。

（二）水磨石

水磨石又称为磨石子，是指将大理石和花岗石或石灰石碎片嵌入水泥混合物中，用水去磨表面而平滑的人造石。水磨石通常用于地面装修，也称为水磨石地面，其拥有较低的造价与良好的使用性能，在施工中可任意调色拼花，防潮性能好，能保持地面的干燥，适用于各种装修空间。但是水磨石地面也存在缺陷，即容易风化老化，表面粗糙，空隙大，耐污能力极差，且污染后无法清洗干净。水磨石如图7-2所示。

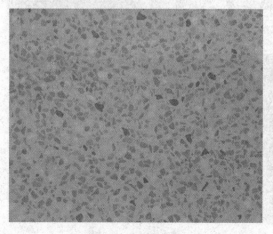

图7-1 水泥人造石

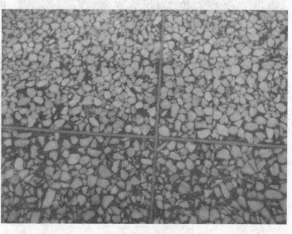

图7-2 水磨石

现代水磨石制作一般都由各地经销商承包,要用到专业设备、材料,普通装修施工人员一般不具备相关技能,价格一般为60~80元/m²,但是仍比铺装天然石材要便宜。

二、地面石材的施工工序

一般的家居室内装修只有窗台石及门槛石。

(1)窗台石的安装一般不超出墙20 mm,如卫生间、厨房则应计算石材和水泥的厚度,转角及侧面的磨边应和正面一样美观,工艺相同。施工工序如图7-3~图7-8所示。

图7-3 湿润原基层

图7-4 铺砂浆底层

图7-5 刮水泥浆

图7-6 敲实大理石

图7-7 清洁大理石面层

图7-8 大理石面层贴保护膜保护

（2）一般应在铺地砖时铺好门槛石，卫生间的门槛石应磨好单边，尺寸准确。标准的门槛石尺寸应是920 mm（墙的宽+门套线+9厘底板）。厨房、卫生间、阳台门槛石的铺贴应注意做好防水。

地面大面积石材铺设的施工工序和瓷砖的铺贴工艺类似，这里就不再重复讲解了。

第二节 装饰木地板

相对瓷砖而言，木地板更显自然本色，不会给人以瓷砖或石材那种冰冷、坚硬的感觉，使人感到亲切，更能满足居室空间的装饰要求。相比瓷砖，木地板也有其自身的问题，尤其是实木地板在保养和清理上要麻烦得多，所以，目前的趋势是木地板和瓷砖混用，即在一些较私密的空间，如卧室等处用木地板，在公共空间，如过道或客厅等处用瓷砖。这样，既兼顾了实用性，又不会给人整体室内空间地面单一的感觉。木地板的选择和地砖一样，要讲究款式、色调与室内整体风格相协调。通常，在设计时需要将木地板的色调和木作业或木制家具的色调分开，或者形成鲜明的对比，或者同一色系深浅不一。一般来说，如果地板颜色深一些，木作业或木制家具的颜色就浅一些；反之亦然。

一、木地板的种类

（一）实木地板

实木地板是采用天然木材，经加工处理后制成条板或块状的地面铺设材料。实木地板对树种的要求相对较高，档次也由树种拉开。地板用材以阔叶材为多，档次也较高；针叶材较少，档次也较低。用作实木地板选材的树种可分为以下三大类：

（1）国产阔叶材。这类树种有榉木、柞木、花梨木、檀木、楠木、水曲柳、槐木、白桦、红桦、枫桦、榆木、黄杞、白蜡木、红桉、柠檬桉、核桃木、楸木、樟木、椿木等。国产阔叶材地板如图7-9所示。

（2）国产针叶材。这类树种有红松、落叶松、红杉、铁杉、云杉、油杉、水杉等。

（3）进口材。这类树种有紫檀、柚木、花梨木、酸枝木、榉木、桃花芯木、甘巴豆、大甘巴豆、龙脑香、木夹豆、乌木、印茄木、重蚁木、水青冈等。紫檀木地板如图7-10所示。

图7-9 国产阔叶材地板

优质木地板应具有密度小、弹性好、构造简单、施工方便等优点，其自然纹理与其他装饰物能相配。优质实木地板无污染，无论怎样加工，变成什么形状，始终不失其自然本色，可以给人冬暖夏凉的感觉。优质实木地板中带有可抵御细菌、稳定神经的挥发性物质，是理想的地面装饰材料。但是实木地板不耐酸碱，且易燃，所以一般只用于室内地面铺设，如图7-11所示。

图7-10　紫檀木地板

图7-11　实木地板

实木地板的规格根据不同树种来订制，宽度为90～120 mm，长度为450～900 mm，厚度为12～25 mm。优质实木地板表面经过烤漆处理，应具备不变形、不开裂的性能，含水率均控制为10%～15%；中档实木地板的价格一般为300～600元/m²。选购时，应观测木地板的精度，一般木地板开箱后可取出几块地板观察，看拼装缝隙与相邻板之间的高度差，用手平抚感到无明显高度差即可。还可以采用0号砂纸打磨地板表面，观察漆面是否脱落。注意识别木地板的真实树种，不要为商品名所惑，要弄清楚材质，注意地板背面材料与正面是否一致。另外，实木地板并非越长、越宽越好，一般应选择中短长度地板，这种长度的地板不易变形。长度、宽度过大的木地板相对容易变形。

（二）实木复合地板

实木复合地板是利用珍贵木材或木材中的优质部分作表层，采用材质较差或成本低的木材作中层或底层，经高温高压制成的多层结构地板。实木复合地板不仅合理利用了优质材料，提高了地板的装饰效果，而且也增强了地板的力学性能，如图7-12所示。

现代实木复合地板主要采用三层不同的木材黏合制成。表层使用硬质木材，如榉木、桦木、柞木、樱桃木、水曲柳等；中间层与底层使用软质木材或纤维板。但是不同树种制作成实木复合地板的规格、性能、价格都不同。实木复合地板使用频率较高，在施工中一般直接铺设，也可以架设木龙骨，有的产品还配置专用胶水，可以直接粘贴。

实木复合地板的规格与实木地板相当，但是价格要比实木地板低，中档产品一般为200～400元/m²。选购时，要注意观察表层厚度，表层板材越厚，耐磨损的时间就越长，进口优质实木复合地板的表层厚度一般在4 mm以上。可以用卷尺实测或与不同品种相比较，拼合后观察其榫槽结合是否严密，结合的松紧程度如何，拼接表面是否平整。如果条件允许，可以取不同品牌小块样品浸渍到水中，试验其吸水性与黏合度如何，浸渍剥离速度越低越好，这就说明胶合黏度高，质量好。

（三）强化复合木地板

强化复合木地板由多层不同材料复合而成，其主要复合层从上至下依次为耐磨层、印刷层、高密度板层、缓冲层、防潮层。其中，耐磨层用于防止地板基层磨损；印刷层为饰面贴纸，纹理色彩丰富，设计感较强；高密度板层是由木纤维及胶浆经高温、高压压制而成的；缓冲层与防潮层垫置在高密度板层下方，用于防裂、防潮，起到保护基层板的作用。强化复合地板如图7-13所示。

图7-12 实木复合地板

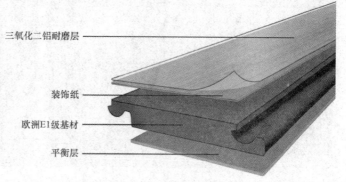

图7-13 强化复合木地板

强化复合木地板具有很高的耐磨性，表面耐磨度为普通油漆木地板的20倍，内结合强度、表面胶合强度、冲击韧性力学强度都较好，另外，强化复合木地板具有良好的耐污染腐蚀、抗紫外线光、耐香烟灼烧等性能。现代地板的流行趋势为大规格尺寸，而实木地板随尺寸的加大，其变形的可能性也在加大。强化复合木地板解决了实木地板的这一问题，具有较好的尺寸稳定性。

强化复合木地板的规格长度为900~1 500 mm，宽度为180~350 mm，厚度为8~18 mm。其中，厚度越厚，价格越高。目前，市场上售卖的强化复合木地板以12 mm厚的产品居多，价格为80~120元/m^2。选购时，可以用0号粗砂纸在地板表面反复打磨约50次，如果没有褪色或磨花，则说明产品质量不错。注意观察企口的拼装效果，可拿两块地板拼装后观察企口是否整齐、严密。另外，用鼻子仔细闻一下，如果没有刺激性气味就说明质量合格。强化复合木地板试拼如图7-14所示。

图7-14 强化复合木地板试拼

（四）竹地板

竹地板是竹子经处理后制成的地板。与木地板相比，竹地板具有良好的质感，组织结构细密，材质坚硬，具有较好的弹性，脚感舒适，装饰自然而大方。竹地板的力学性能稳定，不易变形开裂，耐磨性好。竹地板具有别具一格的装饰性。竹材色泽淡雅，色差小，纹理通直且很有规律，竹节上有点状放射性花纹。竹地板如图7-15、图7-16所示。

竹地板按加工处理方式可分为本色竹地板与炭化竹地板。本色竹地板可保持竹材原有的色泽；炭化竹地板的竹条要经过高温高压处理使颜色加深，但是由于竹材中空、多节，头尾材质、径级变化大，加工中需去掉许多部分，竹材利用率往往仅20%~30%，故产品价格较高。

由于竹地板生产对竹材的竹龄有一定要求，一般需达3年以上，在生产中就限制了原料的来源，增加了生产成本。中档竹地板产品价格一般为150~300元/m^2，具体规格与实木地板相当。选购时，应注意材质品种，正宗楠竹的纤维较其他竹材更坚硬密实，抗压、抗弯强度高，耐磨、防潮，密度高、韧性好、伸缩性小。竹地板经高温、高压胶合而成，优质竹地板是6面淋漆，并粘贴防潮层。

图7-15 竹地板（一）

图7-16 竹地板（二）

（五）木质地板的保养

木质地板中真正需要特别保养的是娇贵的实木地板，竹地板和实木复合地板在日常使用中也需要一定的保养，而强化复合木地板基本没有保养方面的要求。

1. 防水

防水对于所有木地板都适用，实际上只有防潮的木地板而没有真正不怕水的木地板，所有木地板都害怕被水浸泡，包括强化复合木地板。雨季要关好窗门，避免雨水进入室内。如果雨水进入室内或者不慎将水倒在木地板上，最好尽快用抹布擦干净，使其保持干燥。如果不慎发生大面积水浸泡，发现后应尽快排水，严禁使用电热器或人工加热的方法烘干以及在阳光下暴晒地板，应让木地板自然干燥。

2. 防火

不要随意将未熄灭的烟头丢在木地板上，尤其是实木地板以及实木复合地板。在木地板上使用电炉、电饭锅、电熨斗等物品时，必须将防烫的垫层铺在下面。

3. 防晒

应尽量减少阳光直晒木地板，以免油漆被紫外线照射而提前干裂和老化。夏季注意拉好窗帘，窗前地板经灼热阳光暴晒后容易变色开裂。如长期不居住，切忌在木地板上用塑料布或报纸盖住，时间一长，木地板的涂膜会发黏，失去光泽。

4. 防划伤

尽量注意避免金属利器或其他坚硬器物划伤木地板；较重的物品应平稳搁放，家具和其他重物不能在木地板上硬拉硬拖，这样会很容易划伤地板漆面。

5. 日常清洁

日常清洁除强化复合木地板不需要特别注意外，其余木地板种类，尤其是实木地板需要注意：可用拧干的软湿拖布擦地板，不能用水淋湿或用碱水、肥皂水擦洗，因为这样很容易破坏油漆的光泽度；在清除顽固污渍时，应使用专用的中性清洁溶剂擦拭后再用拧干的棉布拖布擦拭，切忌使用酸性、碱性溶剂或汽油等有机溶剂擦洗。如果是水溶性污垢，可用细软抹布蘸上淘米水或者橘皮水擦拭；如果是药水或颜料、墨水等洒在地板上，必须在还未渗入木质表层前用浸有家具蜡的软布擦拭干净；如果木地板表面被烟头烫伤，用蘸了家具蜡的软布用力擦拭可使其恢复光泽。

6. 打蜡

地板打蜡是一种常规的保养方式。无论是给未上过蜡的新地板，还是已开裂的旧地板打蜡，都应先将地板清洗干净，待完全干燥后开始操作。至少要上三次蜡，每上一次都要用不掉绒毛的布或打蜡器擦拭地板，以使蜡油充分渗入木头。为了使地板获得更光亮的效果，每打一遍蜡都要用软布轻擦抛光。上蜡时要特别注意地板接缝处，以免蜡渗入地板缝，使地板产生响声。最后在实木地板表面均匀喷上一层上光剂，再用钢丝棉反复打磨几遍，效果十分明显，不但能使地板亮丽、美观且能处理轻微的划痕并能起到防滑、防静电的作用。建议每半年为实木地板打蜡一次，这样做可以延长地板的寿命，增加美观程度。地板打蜡如图7-17所示。

图7-17　地板打蜡

二、木质地板的施工工序

（一）装饰木地板施工方法

1. 实铺式木地板

实铺式木地板基层采用梯形截面木格栅（俗称木楞），木格栅的间距一般为400 mm，中间可填一些轻质材料，以降低人行走时的空鼓声并改善保温隔热效果（图7-18）。为增强整体性，木格栅的上面铺钉毛地板，最后在毛地板上钉接或黏结木地板。在木地板与墙的交接处，要用踢脚板压盖。为散发潮气，可在踢脚板上开孔通风。实木地板铺装如图7-19所示。

图7-18　木格栅

图7-19　实木地板铺装

2. 架空式木地板

架空式木地板是在地面先砌地垄墙，然后安装木格栅、毛地板、面层地板。因家庭居室高度较低，这种架空式木地板很少在家庭装饰中使用。架空式木地板如图7-20所示。

图7-20　架空式木地板

（二）装饰木地板施工的基本流程

1. 强化复合木地板施工工艺

清理基层→铺设塑料薄膜地垫→铺装强化复合木地板→安装踢脚板。强化复合木地板铺设施工如图7-21、图7-22所示。

图7-21　铺设塑料薄膜地垫

图7-22　铺装复合地板

2. 实铺式木地板施工工艺及注意事项

（1）实铺式木地板施工工艺：基层清理→弹线→钻孔、安装预埋件→地面防潮、防水处理→安装木龙骨→垫保温层→弹线、钉装毛地板→找平、刨平→钉木地板、找平、刨平→装踢脚板→刨光、打磨→刷油漆→打蜡。

（2）实铺木地板施工注意事项。

①实铺木地板要先安装地龙骨，然后进行木地板的铺装。龙骨安装时，应先在地面做预埋件，以固定木龙骨，预埋件为螺栓及钢丝，预埋件间距为800 mm，从地面钻孔下入。

②实铺木地板应有基面板，基面板使用细木工板。

③地板铺装完成后，先用刨子将表面刨平、刨光，将地板表面清扫干净后涂刷地板漆，之后进行抛光、打蜡处理。

④所有木地板运到施工安装现场后，应拆包后在室内存放一个星期以上，使木地板与居室温度、湿度相适应后才能使用。

⑤木地板安装前应进行挑选，剔除有明显质量缺陷的不合格品。将颜色花纹一致的铺在同一房间，有轻微质量缺陷但不影响使用的，可用于床、柜等家具底部，同一房间的板厚必须一致。购买时应按实际铺装面积加10%的损耗一次购买齐备。

⑥铺装木地板的龙骨应使用松木、杉木等不易变形的树种,木龙骨、踢脚板背面均应进行防腐处理。

⑦铺装木地板应避免在大雨、阴雨等气候条件下施工。施工中最好能够保持室内温度、湿度的稳定。

⑧同一房间的木地板应一次铺装完毕,因此要备有充足的辅料,并要及时做好成品保护,严防油渍、果汁等污染表面。安装时挤出的胶液要及时擦掉。

⑨木地板粘贴式铺装要确保水泥砂浆地面不起砂、不空裂,基层必须清理干净。

⑩基层不平整应用水泥砂浆找平后再铺贴木地板。基层含水率不大于15%。

第三节 装饰地毯

目前,室内装饰越来越重视自然性和装饰性,地毯这些软性装饰材料更是大受欢迎。地毯在室内装饰中的应用历史悠久,最早的地毯基本都以动物的皮毛为原料编织而成,在现代则发展出毛、麻、丝和合成纤维等多种材料混合的新型地毯。

一、地毯的种类

地毯既具有很高的欣赏价值又具有很强的实用性,它能起到抗风湿、吸声、降噪的作用,使得居室更加宁静、舒适,同时还能隔热保温,降低空调使用的费用。另外,地毯本身具有非常美丽的纹理和质地,装饰性非常好,能够很好地美化居室。因而,地毯在室内空间的应用越来越广泛,可以在室内大面积铺设,也可以在沙发和床前局部应用,甚至可以挂在墙上作为装饰品。地毯的种类很多,以制作工艺来分,主要有手工编织和机器编织两种;以编织构造来分,主要有簇绒和圈绒两种;以材料来分,主要有天然材料毛、丝、麻、草制成的全毛地毯、剑麻地毯和人造材料锦纶、丙纶、腈纶、涤纶制成的化纤地毯以及天然材料和化纤材料混合制成的混纺地毯几大类。不同的种类有不同的铺设效果,适用于不同功能的房间。像公共场合可以选择化纤等方便清洗保养的地毯;私人空间或者一些高档的场所则可以选择厚重、舒适的羊毛地毯等全毛地毯。市场上主要的地毯种类介绍如下。

（一）全毛地毯（纯毛地毯）

早在3世纪时,人们就开始使用羊毛等动物皮毛编制各类织品,像传统的波斯地毯和中国地毯就是其中的典型代表。目前的全毛地毯很多以粗绵羊毛为原料,其纤维柔软而富有弹性,织物手感柔和,质地厚实,可以有多种颜色和图案,同时还具有良好的保暖性和隔声性,是制作地毯、挂毯及其他织物的高档原料。全毛地毯的缺点是比较容易吸纳灰尘,而且容易滋生细菌和螨虫,再加上日常清洁比较麻烦和价格较高,使得全毛地毯更多地应用在一些高档的室内空间或空间的局部。全毛地毯如图7-23所示。

（二）化纤地毯

化纤地毯也称合成纤维地毯，是以锦纶、丙纶、腈纶、涤纶等化学纤维为原料，用簇绒法或机织法加工成纤维面层，再与麻布底缝合而成的地毯。锦纶、丙纶、腈纶、涤纶都属于化学纤维的范畴。目前，化学纤维已经大量地被应用于各类织物。化学纤维的优点是生产加工方便，价格低，同时各种内在性能（如耐磨、防燃、防霉、防污、防虫蛀）均非常良好，且能够在光泽和手感方面模仿出天然织物的效果。但是化纤地毯弹性相对较差，脚感不是很好，同时，也有易产生静电和易吸纳灰尘等问题。化纤地毯如图7-24所示。

图7-23　全毛地毯

图7-24　化纤地毯

（三）混纺地毯

混纺地毯结合了全毛地毯和化纤地毯的优点，在全毛地毯中加入一定比例的化学纤维制成。在全毛地毯中加入一定比例的化学纤维能够起到加强地毯物理性能的作用，同时，又因为混入了一定比例的低价化学纤维地毯的造价变得更低。例如，在全毛地毯中加入20%的尼龙纤维，地毯的耐磨性比全毛地毯要提高5倍。混纺地毯在图案、质地、脚感等方面与全毛地毯差别不大，但相比全毛地毯，其耐磨性和防燃、防霉、防污、防虫蛀性能均有大幅度提高，因而，在市场上越来越受到人们青睐。混纺地毯如图7-25所示。

图7-25　混纺地毯

（四）橡胶地毯

橡胶地毯是以天然或合成橡胶配以各种化工原料制作而成的卷状地毯。橡胶地毯价格低，弹性好，耐水、防滑，易清洗，同时，也有各种颜色和图案可供选择。橡胶地毯适用于卫生间、游泳池、计算机房、防滑走道等多水的环境，在一般的室内应用较少，属于比较低档的地毯种类。橡胶地毯如图7-26所示。

图7-26　橡胶地毯

二、地毯的选购

（1）材质。市场上有不少仿制纯天然动物皮毛的化学纤维产品，它们的区别就类同真皮沙发和人造革沙发的区别。要识别是否为纯天然的动物皮毛的方法很简单。购买时可以在地毯上取几根绒毛点燃，纯毛燃烧时无火焰，冒烟，有臭味，灰烬多且呈有光泽的黑色固体状。

（2）密度和弹性。密度越大，弹性越好，地毯的质量相对也就越高。检查地毯的密度和弹性，可以用手指用力按在地毯上，松开手指后地毯能够迅速恢复原状，表明织物的密度和弹性都较好。也可以把地毯正面折弯，越难看见底垫的地毯，表示毛绒织得越密，地毯也就越耐用。

（3）防污能力。一般而言，素色和没有图案的地毯较易显露污渍和脚印。所以，在一些公共空间最好选用经过防污处理的深色地毯，以方便清洁。

三、地毯的铺装

地毯的铺装对基层找平的要求较高，地面必须平整、洁净、干燥。地面的平整度偏差不大于4 mm，地面基层含水率不大于8%。地毯铺装主要有倒刺板卡条铺装和固定黏结铺装两种方法。倒刺板卡条铺装通常为成卷地毯铺装采用，其基本工序：基层清扫处理→地毯裁割→钉倒刺板→铺垫层→接缝→张平→固定地毯→收边→修理地毯面→清扫；固定黏结铺装多为块毯采用，其基本工序：基层地面处理→实量放线→裁割地毯→刮胶晾置→铺设→清理。相对来说，固定黏结铺装地毯技术要求比倒刺板卡条铺装低，多在一些公装中的块毯铺设中采用。因为地毯的铺装相对简单，而且多是由地毯公司完成，这里就不再进行详细说明了。

第四节　塑胶地板

塑胶地板是PVC地板的另一种叫法，主要成分为聚氯乙烯材料。PVC地板可以做成两种：一种是同质透心的，就是从底到面的花纹材质都是一样的；另一种是复合式的，就是最上面一层是纯PVC透明层，下面加上印花层和发泡层。PVC地板由于其花色丰富、色彩多样而被广泛用于家居和商业空间的各个方面。

塑胶地板是当今世界上非常流行的一种新型轻体地面装饰材料，也称为轻体地材，是一种在欧美及亚洲的日韩广受欢迎的产品，从20世纪80年代初开始进入中国市场，至今在国内的大中城市已经得到普遍的认可，广泛用于家庭室内、医院、学校办公楼、工厂、超市、体育场馆等各种场所。塑胶地板如图7-27所示。

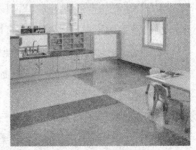

图7-27　塑胶地板

一、塑胶地板的种类

（1）从形态上可分为卷材地板和片材地板。所谓卷材地板就是质地较为柔软的一卷一卷的地板，其一般宽度有1.5 m、1.83 m、2 m、3 m、4 m、5 m等，每卷长度有7.5 m、15 m、20 m、25 m等，总厚度为1.6～3.2 mm（仅限商用地板，运动地板更厚，可达4 mm、5 mm、6 mm等）；片材地板的规格较多，主要可分为条形材和方形材。

（2）从结构上分主要有复合体型、同质体型和半同质体型。所谓复合体型塑胶地板是有多层结构的，复合体型卷材一般是由4～5层结构叠压而成的，一般有耐磨层、印花膜层、玻璃纤维层、弹性发泡层、基层等。复合体型片材一般是由3～4层结构叠压而成，一般有耐磨层、印花膜层、稳定层、基层。同质体型塑胶地板不管是卷材还是片材，都是上下同质的，即从面到底、从上到下都是同一种材质、同一种花色。

（3）从耐磨程度上可分为通用型和耐用型。国内主要生产和使用的都是通用型PVC地板，一些人流量非常大的场所（如机场、火车站等）需要铺设耐用型PVC地板，其耐磨性更强，使用寿命更长，同时价格也更高。

（4）从使用场所上可分为教育系统使用（学校、培训中心、幼儿园等）、医疗系统使用（医院、实验室、制药厂、疗养院等）、商业系统使用（商场、超市、宾馆、娱乐休闲中心、餐饮业、专卖店等）、体育系统使用（体育场馆、活动中心等）、办公系统使用（办公楼、会议室等）、工业系统使用（工厂厂房、仓库等）、交通系统使用（机场、火车站、汽车站、码头等）、家居系统使用（客厅、卧室、厨房、阳台、书房等）。

二、塑胶地板的施工工艺

（一）施工顺序

基层表面处理→放线→预铺→均匀涂胶→铺塑胶地板→滚压→养护。

（二）施工要点

（1）基层应达到表面不起砂、不起皮、不起灰、不空鼓、无油渍，手摸无粗糙感。不符合要求的，应先处理地面。

（2）弹出互相垂直的定位线，并依拼花图案预铺。

（3）称量配胶：采用双组分胶粘剂时，要按配比组分准确称量，预先配制好待用。

（4）基层与塑胶地板块背面同时涂胶，胶粘剂涂刮后在室温下暴露于空气中使溶剂部分挥发，至胶层表面手触不粘时，可将塑胶地板贴上。

（5）每贴一块后，将挤出的余胶及时用棉丝清理干净。

（6）铺装完毕要及时清理地板表面，使用水性胶粘剂时可用湿布擦净，使用溶剂型胶粘剂时应用松节油或汽油擦除胶痕。

（三）施工注意事项

（1）对于相邻两房之间铺设不同颜色、图案塑胶地板，分隔线应在门框踩口线外，使门口地板对称。

（2）铺贴时，要用橡皮锤从中间向四周敲击，将气泡赶净。

（3）铺贴后3天不得上人。

（4）PVC地面卷材应在铺贴前3~6天进行裁切，并留有0.5%的余量，因为塑料在切割后有一定的收缩。

第五节 防静电地板

防静电地板又称为耗散静电地板。它接地或连接到任何较低电位点时，电荷能够耗散，电阻为 $1.0 \times 10^5 \sim 1.0 \times 10^9 \Omega$。防静电地板如图7-28所示。

防静电地板的主要种类有以下一些：

（1）三防防静电活动地板。此地板采用高强度，防火、防水材料为基材，双抗静电贴面，防水、防潮性能优良，承载力强，适用于大中型机房。

（2）全钢抗静电活动地板。此地板以优质钢板经冲压焊接后，注入高强度、轻质材料制成，强度高，防水、防火、防潮性能优良，适用于承载要求很高的大型机房。

图7-28 防静电地板

（3）复合防静电地板。此地板是以木质刨花板为基材，密度小，价格低，防火、防潮性能较差，适用于中小机房使用。

（4）铝合金防静电地板。此地板是铝合金材料熔炼后经机械加工而成，强度高，防火、防水性能优良，板基有回收价值，在电力行业应用比较多。

（5）仿进口木质防静电地板。此地板依照进口地板制造加工而成，外形美观，性能优良，适用于各类机房。

（6）PVC防静电地板。该产品是以PVC树脂为主体，经特殊加工工艺制作而成，PVC粒子界面之间形成导静电网络，具有永久性防静电功能。其外观似大理石，具有较好的装饰效果，适用于电信、电子行业程控机房、计算机房、洁净厂房等要求净化及防静电场所。

PVC防静电地板的规格一般为600 mm × 600 mm × 30 mm和600 mm × 600 mm × 35 mm，如图7-29所示。

图7-29 PVC防静电地板

第六节　装饰踢脚线

踢脚线应该算是墙面材料，因为它是贴在墙面与地面相交的部位，形象点讲就是在脚可以踢到的部位，这也是其名称的由来。将踢脚线归为地面材料是因为它需要和很多地面材料搭配，尤其是木地板，因为预留了较宽的伸缩缝，不配合安装踢脚线在外形上是极不美观的。

一、踢脚线的作用

踢脚线有两个作用：一是装饰作用；二是保护作用。像遮挡木地板预留的伸缩缝就是踢脚线一项重要的装饰功能，同时，踢脚线可以利用它本身独具的线形美感与室内其他装饰相互呼应，还可以使地板与墙面有一个中间的过渡。安装踢脚线可以避免外力碰撞对墙根处造成损坏。另外，还可以防止拖布拖地时将脏水溅在墙根上，造成墙根处污损。

二、踢脚线的种类

随着生产工艺的发展，踢脚线也从以前较单一的木制踢脚线发展到今天多种材料的踢脚线。按材料类型分，踢脚线主要有木质踢脚线，瓷质踢脚线，人造石踢脚线，金属、玻璃踢脚线等。

（一）木质踢脚线

木质踢脚线是以木材为原料加工而成的，主要有实木线条和复合线条两种，是市场上最主要的踢脚线品种。实木线条是选硬质、木纹漂亮的实木加工成条状。复合线条大多数是以密度板为基材，表面贴塑或上漆形成多种色彩和纹理的线条，按形状分有分角线、半圆线、指甲线、凹凸线、波纹线等多个品种，每个品种有不同的尺寸；按宽度分主要有12 cm、10 cm、8 cm和6 cm几种规格。由于目前大多数房屋层高有限，较小的6 cm踢脚线逐渐为越来越多的消费者所选择，成为目前木质踢脚线应用的一种主流。木质踢脚线如图7-30所示。

（二）瓷质踢脚线

瓷质踢脚线是最传统也是目前用量最大的一种踢脚线产品，与瓷砖一样，属于瓷质品范畴，在销售时多和陶瓷地砖相搭配。瓷质踢脚线的优点是易于清洁、结实耐用、耐撞击性能好；缺点是外在美观度不如其他类型的踢脚线。瓷质踢脚线如图7-31所示。

（三）人造石踢脚线

人造石踢脚线最大的优点就是能够在现场施工中做到无缝拼接，看上去非常统一，整体性强。人造石可以打磨，数块人造石踢脚线拼接后再经过打磨处理即可做到完全没有缝隙，而且人造石的颜色和纹理可选性也比较大，相比瓷质踢脚线要更美观。人造石踢脚线如图7-32所示。

（四）金属、玻璃踢脚线

金属制品尤其是不锈钢制品相比其他装饰材料有着其独特的现代感。亮光或者亚光金属踢脚线装饰在室内，时尚感和现代感极强。玻璃则具有晶莹剔透的特性，用作踢脚线效果非常好，但玻璃极易碎，使用时需要注意安全，尤其是在有老人和孩子的空间。金属踢脚线如图7-33所示。

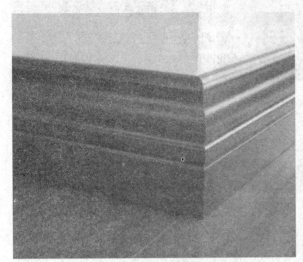

图7-30　木质踢脚线

图7-31　瓷质踢脚线

图7-32　人造石踢脚线

图7-33　金属踢脚线

课后思考

1. 简述地面石材的铺设工艺。
2. 竹木地板的施工方法有哪些？
3. 简述地毯的种类以及施工。

第八章 涂饰及裱糊工程

■ **本章知识点**

　　本章主要介绍室内装饰涂饰工程及裱糊工程的相关内容，包括涂料的组成，内墙涂料、家具涂料、其他涂料，涂饰工程的辅助材料与工具，涂饰工程施工等内容，以及壁纸的种类与特征、裱糊用胶和常用工具、各种壁纸的裱糊施工等。

■ **学习目标**

　　通过本章的学习，了解涂料的组成、壁纸的种类及特征、涂饰工程的辅助材料与工具、涂饰工程施工；掌握涂饰工程施工工序及工艺、各种壁纸的裱糊施工工序及工艺。

　　涂料包括水质涂料和油质涂料两类。水质涂料多做于抹灰层的外面或者结构层外面，起到对整个建筑物或构筑物的装饰和保护作用，这种保护不同于抹灰，它是保护建筑物或构筑物不受自然界的风霜雨雪的侵蚀和污染，不能起到对结构体本身的保护。油质涂料多用于木材表面和金属表面，起到保护这些材料不受侵蚀的作用。

　　裱糊工程，是在结构表面、抹灰表面，或者木材表面、金属表面做的一层纯属装饰的面层，它的材料主要是一些墙纸、墙布、胶带，主要用于室内，有这一层可以增加室内的美观效果，同时，对室内保温也有部分积极作用。

第一节　装饰乳胶漆

　　乳胶漆是乳胶涂料的俗称，属于普通涂料，诞生于20世纪70年代中后期，是以丙烯酸酯共聚乳液为代表的一大类合成树脂乳液涂料。乳胶漆是水分散性涂料，它是以合成树脂乳液为基料，将填料经过研磨分散后加入各种助剂精制而成的涂料。乳胶漆具备了与传统墙面涂料不同的众多优点，如易于涂刷、干燥迅速、漆膜耐水、耐擦洗性好等。

一、装饰乳胶漆的应用

乳胶漆的原材料是没有任何毒性的，因而，乳胶漆可以说是装饰材料中最为环保的品种之一。乳胶漆的成胶物是不溶于水的，涂膜的耐水性和耐候性较好，并有平光、高光等不同装饰类型，另外还有多种颜色可以随意调配，通常乳胶漆品牌会提供很多的小色样供客户选择。乳胶漆色卡如图8-1所示。

二、涂刷乳胶漆的常用材料

（一）乳胶漆

乳胶漆的分类方法有很多：按光泽度可分为亮光、半亮光和平光（或亚光），表面光泽度依次减弱；按涂刷墙面不同可分为内墙乳胶漆、外墙乳胶漆，人们常说的乳胶漆通常都是指内墙乳胶漆；按涂层顺序有底漆和面漆之分，底漆主要作用是填充墙面的毛细孔，防止墙体碱性物质渗出侵害面漆，面漆主要起装饰和防护作用。

乳胶漆价格低且耐擦洗，可多次擦洗不变色，是目前室内墙面的主要装饰材料。乳胶漆装饰效果如图8-2所示。

图8-1 乳胶漆色卡

图8-2 乳胶漆装饰效果

乳胶漆是装修中的一种特殊材料，它价格低、施工简单，装修费用上它可能只会占到装修总费用的5%左右，但是在装修面积上它可以占全部装修面积的70%以上，在墙面、吊顶中都会大量使用到，由此可见乳胶漆在室内装饰中的广泛性和重要性。不光在室内，不少建筑物的表面也会刷上乳胶漆，只是这种乳胶漆不是人们常说的内墙乳胶漆，而是专用于室外的外墙乳胶漆。相比内墙乳胶漆而言，外墙用乳胶漆在抗紫外线照射和抗水性能上要强很多，具有长时间阳光照射和雨淋不变色的效果。

（二）腻子

腻子是平整墙体表面的一种装饰性质的材料，是一种厚浆状涂料，涂施于底漆上或直接涂施于物体上，用以清除被涂物表面高低不平的缺陷。腻子如图8-3所示。

现在室内常用的腻子是821腻子。821腻子是由建筑石膏为主要原料，加入纤维素醚CCMC、预糊化淀粉（α淀粉）和缓凝剂制成，其施工性好，便于运输、储存，操作简便，黏结牢固。

（三）底漆

底漆是指直接涂到物体表面作为面漆坚实基础的涂料。要求在物面上附着牢固，以增加面漆的附着力，提高面漆的装饰性。根据涂装要求可分为头道底漆、二道底漆等。底漆如图8-4

图8-3 腻子

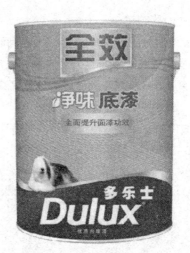

图8-4 底漆

所示。

在涂刷墙面时，有时会遇到一些小麻烦，如上漆时墙面吸收过快，乳胶漆分量不能涂刷预定的面积；涂刷后不久就出现变色问题，甚至出现漆膜脱落、起块、霉斑，常令人感到束手无策。

这是因为居室里无论新墙还是旧墙，都会因水分过多带有碱化问题，在潮湿的环境中尤甚，这是影响漆面质量的根本原因。底漆的作用如下：

（1）封闭：有些墙面碱性较强，经潮气、水等浸泡后产生碱花，学名"泛碱"，这种情况造成漆膜表面形成火山口状突起，严重时，在漆膜表面形成一层碱霜，最终使漆膜破坏。乳胶漆底漆可以起封闭作用，缓解这种情况。不过如果墙体比较干燥，而且楼层较高，不用可能也不会出问题，但建议使用，保险。

（2）增强附着力：底漆中乳液含量较高，附着力较强，可提高乳胶漆膜与墙面的结合力。

（3）填平：如果墙面碱性不强且较为平整，可以不使用底漆，当然使用了更好。

在涂刷面漆之前涂刷一层封固底漆不仅可以节省装修成本，更有事半功倍的装饰效果。底漆良好的附着力使墙面更趋平滑，令面漆更易涂刷，减少了面漆的使用量。如此，墙面既避免了漆病，又有利于更长时间保持涂刷效果。

三、乳胶漆的选购

乳胶漆在室内通常都会被大面积地使用，对于室内装饰的整体效果影响重大，尤其目前装修的趋势是人们都喜欢在室内采用各类颜色的乳胶漆，甚至一个空间采用多个色系的乳胶漆，这就更需要全面考虑空间的功能要求和整体的协调感了。例如，在医院或者老人房就不适合采用一些视觉效果很强的红、黄等颜色；而且色系不同的颜色不能太多，多了容易给人以很"花"的感觉。需要特别注意的是，购买乳胶漆时通常根据商家提供的乳胶漆小色样进行选择，但一般大面积涂刷后颜色会显得比小色样深，所以，买墙面漆时可以买比小色样浅一号的颜色。除从装饰性上考虑外，选购乳胶漆通常还需要从以下几个环节进行考虑。

（一）包装

看外包装上是否有明确的厂址、生产日期、防伪标志。最好选购品牌产品，除质量有保证外，一般还有良好的售后服务。

（二）环保

真正环保的乳胶漆应该是无毒无味的，所以，开盖后如果可以闻到刺激性气味或工业香精味，都是不合格产品。假冒乳胶漆的低档水溶性涂料可能会含有甲醛，因此有很强的刺激性味道。市场上现在还是有不少商家将107、803等水溶性涂料托名乳胶漆进行销售，尤其是107涂料因为含有过量的游离甲醛，已经被国家明令禁止使用。

（三）稠度

用木棍将乳胶漆拌匀，再用木棍挑起来，优质乳胶漆往下流时会呈扇面形，而稠度较低的乳胶漆往下流时呈滴溅状。

（四）外观

开盖后乳胶漆外观细腻丰满，不起粒，用手指摸，质量好的乳胶漆手感滑腻、黏度高。乳胶漆在储存一段时间后，会出现分层现象，乳胶漆颗粒下沉，在上层1/4以上形成一层胶水保护溶液，如果这层溶液呈无色或微黄色，较清晰干净，无或有少量的漂浮物，则说明质量很好，若胶水溶液呈浑浊状，呈现出乳胶漆颜色或漂浮物数量很多，说明乳胶漆质量不佳，很可能已经过期。

（五）指标

乳胶漆质量主要看两个指标：一是耐刷洗次数；二是VOC和甲醛含量。前者是乳胶漆耐受性能的综合指标，它不仅代表着涂料的易清洁性，更代表着涂料的耐水、耐碱和漆膜的坚韧状况。优质的乳胶漆用湿布擦拭后，涂膜颜色光亮如新，劣质乳胶漆耐洗刷性只有几次，擦洗过多涂层便发生褪色甚至破损。后者是乳胶漆的环保健康指标。乳胶漆最低应有200次以上的耐刷洗次数，VOC不超过200 g/L。耐刷洗次数越高、VOC越低越好。

（六）乳胶漆的用量计算

首先需要清楚一桶乳胶漆能够刷多大面积。乳胶漆出售通常都是以桶为单位计算的，市场上常见的有5 L装和20 L装两种。其中又以5 L装的最常见。理论上一桶最常见的5 L装乳胶漆可以涂刷的面积是30 m^2/（两遍），在施工过程中乳胶漆要加入适量清水，所以，实际涂刷面积要大于理论面积，比较现实的算法是40 m^2/（两遍）。20 L装的以此类推。

其次就是涂刷总面积的计算。涂刷总面积计算有两种方法，粗略计算可以用室内面积乘以2.5或3，具体采用哪种计算方法要看室内的整体情况，如果室内门、窗户比较多，就取2.5，少的话就取3。这个算法只是适用于一般情况，例如，多面墙采用大面积落地玻璃的别墅就不适用。还有一种方法是实量，就是将需要刷乳胶漆的地方的长宽都实量出来，计算出总面积。这个方法很麻烦，但非常精确。

最后需要清楚的就是涂刷工序，通常施工刷乳胶漆都采用的是一底两面的施工，即刷一遍底漆，刷两遍面漆。

知道上述三条就可以进行乳胶漆用量的计算了，以常用的5 L容量桶装乳胶漆为例，假定5 L的实际涂刷面积为40 m^2/（两遍）。

一个长6 m、宽4 m、高2.8 m的空间乳胶漆用量计算如下：

墙面面积：（6+4）×2.8×2=56（m^2）

顶面面积：6×4=24（m^2）

总面积：56+24=80（m^2）

面漆：需刷两遍，一桶可刷40 m^2/（两遍），则面漆共需两桶。

底漆：需刷一遍，一桶可刷40 m^2/（两遍），则底漆共需一桶。

那么，这个空间需要的乳胶漆总量为5 L装面漆两桶、底漆一桶。

四、乳胶漆的施工工序

乳胶漆的施工工序：基层处理→满刮腻子两遍→底层涂料→中层涂料两遍→乳胶漆面层喷涂→清扫。

（一）基层处理

先将装修表面上的灰块、浮渣等杂物用刮刀铲除，如表面有油污，应用清洗剂和清水洗净，干燥后再用棕刷将表面灰尘清扫干净；表面清扫后，用水与醋酸乙烯乳胶（配合比为10∶1）的稀释液将SG821腻子调至合适稠度，用它将墙面麻面、蜂窝、洞眼、残缺处填补好。腻子干透后，先用刮刀将多余腻子铲平整，然后用粗砂纸打磨平整。

（二）满刮两遍腻子

第一遍应用胶皮刮板满刮，要求横向刮抹平整、均匀、光滑、密实，线角及边棱整齐为度。尽量刮薄，不得漏刮，接头不得留槎，注意不要沾污门窗框及其他部位，否则应及时清理。待第一遍腻子干透后，用粗砂纸打磨平整。注意保护棱角，磨后用棕扫帚清扫干净。第二遍满刮腻子方法同第一遍，但刮抹方向与前遍相垂直。然后用粗砂纸打磨平整，否则必须进行第三遍、第四遍。用300 W太阳灯侧照墙面，或顶棚面用粗砂纸打磨平整，最后用细砂纸打磨平整、光滑。

(三)底层涂料

施工应在干燥、清洁、牢固的层表面上进行，喷涂一遍底层涂料，涂层需均匀，不得漏涂。

(四)中层涂料施工

涂刷第一遍中层涂料前如发现有不平整之处，用腻子补平磨光。涂料在使用前应用手提电动搅拌枪充分搅拌均匀。如稠度较高，可适当加清水稀释，但每次加水量需一致，不得稀稠不一。然后将涂料倒入托盘，用涂料滚子醮料涂刷第一遍。滚子应横向涂刷，然后纵向滚压，将涂料赶开、涂平。滚涂顺序一般为从上到下，从左到右，先远后近，先边角、棱角、小面后大面。要求厚薄均匀，防止涂料过多流坠。滚子涂不到有阴角处，需用毛刷补充，不得漏涂。要随时剔除沾在墙上的滚子毛。涂一面墙要一气呵成，避免接槎刷迹重叠现象。沾污到其他部位的涂料要及时用清水擦净。第一遍中层涂料涂刷后，一般需干燥4 h以上，才能进行磨光工序。如遇天气潮湿，应适当延长间隔时间。然后，用细砂纸进行打磨，打磨时用力要轻而匀，并不得磨穿涂层，磨后将表面清扫干净。第二遍中层涂料涂刷与第一遍相同，但不再磨光。涂刷后，应达到一般乳胶漆高级刷浆的要求(如果前面腻子和涂料底层处理得好可以不进行本层的深刷)。

(五)乳胶漆面层喷涂

由于基层材质、龄期、碱性、干燥程度不同，应预先在局部墙面上进行试喷，以确定基层与涂料的相容情况，并同时确定合适的涂布量。在使用乳胶漆前要充分摇动容器，使乳胶漆充分混合均匀，然后打开容器，用木棍充分搅拌；喷涂时，喷嘴应始终保持与装饰表面垂直(尤其在阴角处)，距离为0.3~0.5 m(根据装修面大小调整)，喷嘴压力为0.2~0.3 MPa，喷枪呈Z形向前推进，横纵交叉进行。喷枪移动要平衡，不得时停时移、跳跃前进，以免发生堆料、流挂或漏喷现象，涂布量要一致。为提高喷涂效率和质量，喷涂顺序应按墙面部位→柱部位→顶面部位→门窗部位顺序进行。该顺序应灵活掌握，以不增重复遮挡和不影响已完成的饰面为准。

(六)清扫

乳胶漆喷条清除遮挡物，清扫飞溅物料，如图8-5~图8-14所示。

图8-5 墙体基层检查

图8-6 墙体和顶面空鼓处修整平

图8-7　铲除顶面

图8-8　补钉眼

图8-9　石膏板连接处填缝加绷带

图8-10　机械搅拌专配腻子

图8-11　刮腻子两遍

图8-12　查补批腻子

图8-13 平整度检查

图8-14 刷乳胶漆面漆

第二节 装饰涂料

一、装饰涂料的应用

装饰涂料是除普通涂料外的小品种产品，常用于具有特色设计风格的环境空间，涂装面积不大，但是能配合设计风格，给装修带来不同的设计韵味。

二、装饰涂料的种类

（一）裂纹漆

裂纹漆也称开片漆，是由硝化棉、颜料、体质颜料、有机溶剂、辅助剂等研磨调制而成的可形成各种颜色的油漆产品。其是在硝基漆的基础上发展而来的新产品，又称为硝基裂纹漆。裂纹漆具有硝基漆的基本特性，属挥发性自干油漆，无须加固化剂，干燥速度快。喷涂后内部应力能产生较高的拉扯强度，形成良好、均匀的裂纹图案，增强涂层表面美观度，提高装饰性。裂纹漆如图8-15所示。

裂纹漆可用于家具、构造局部涂装，或用于各种背景墙局部涂装。裂纹漆包装规格为5 kg/组，其中包括底漆、裂纹面漆等组合产品，价格为200~300元/组。另外，底漆与裂纹面漆分开包装的产品单独销售。

（二）硅藻涂料

硅藻涂料是以硅藻泥为主要原材料，添加多种助剂的粉末装饰涂料。硅藻是生活在数百万年前的一种单细胞的水生浮游类生物，沉积水底后经过亿万年的积累受地质变迁影响成为硅藻泥。硅藻涂料如图8-16所示。

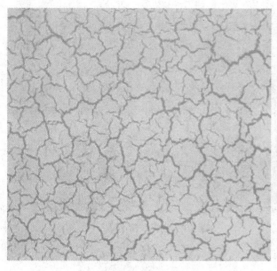
图8-15 裂纹漆

图8-16 硅藻涂料

目前，硅藻涂料主要用于住宅、酒店客房的墙面涂装，具有良好的装饰效果。硅藻涂料为粉末装饰涂料，在施工中加水调和使用。硅藻涂料主要有桶装与袋装两种包装。桶装规格为5～18 kg/桶，5 kg包装的产品价格为100～150元/桶；袋装规格一般为20 kg/袋，袋装价格较低，为200～300元/袋，用量约为1 kg/m²。

选购时应注意，优质硅藻涂料粉末不吸水，用手拿捏有特别干燥的感觉。可以在干燥的600 mL纯净水塑料瓶内放置约50%容量的硅藻涂料粉末，将香烟烟雾吹入其中而后封闭瓶盖，不断摇晃瓶身，约10 min后打开瓶盖仔细闻一下，合格产品应该基本没有烟味。

硅藻涂料涂装应在基层清洁后对基层涂刷两遍腻子，施工过程中避免强风直吹及阳光直接暴晒，以自然干燥为宜。按使用说明配置硅藻涂料干粉，加水浸泡5 min后用电动搅拌机搅拌约10 min，搅拌时可加入约10%的清水调节稠度，使其成为泥性涂料，只有充分搅拌均匀后方可使用。滚涂搅拌好的硅藻涂料两遍，第1遍厚度为1 mm左右，完成后待干，约1 h，以表面不粘手为宜；滚涂第2遍，厚度为1.5 mm。总厚度为2～3 mm。干燥后采用刮板、滚筒、模板等工具制作肌理图案，这要根据实际环境与干燥情况来掌握施工时间。最后用收光抹子沿图案纹路压实收光，也可以根据需要涂刷一层固化漆。硅藻涂料施工效果如图8-17所示。

图8-17 硅藻涂料施工效果

（三）真石漆

真石漆又称为石质漆，主要由高分子聚合物、天然彩色砂石及相关助剂制成，干结固化后坚硬如石，看起来像天然花岗石、大理石（图8-18）。

真石漆涂层主要由封底漆、集料、罩面漆三部分组成。封底漆的作用是在溶剂（或水）挥发后，其中的聚合物及颜色填料会渗入基层的孔隙，从而阻塞了基层表面的毛细孔，可以消除基层因水分迁移而引起的泛碱、发花等，同时，也增加了真石漆主层与基层的附着力，避免了剥落、松脱现象。集料是天然石材经过粉碎、清洗、筛选等多道工序加工而成，具有很好的耐候性，与封底漆相互搭配可调整颜色深浅，使涂层的色调富有层次感。罩面漆主要是为了增强真石漆涂层的防水、耐污、耐紫外线照射等性能，也便于日后清洗。

真石漆主要用于室内外各种界面涂装（图8-19）。真石漆常见桶装规格为5～18 kg/桶和25 kg/桶，其中25 kg包装的产品价格为100～150元/桶，可涂装15～20 m^2。

图8-18 真石漆

图8-19 真石漆施工效果

第三节　木器漆

一、水性木器漆

随着人们生活品位的提升和对健康的高度关注，未来的家庭装饰和家具涂料市场必定是水性木器漆的天下。水性木器漆的推广对资源的合理利用和环境卫生的改善都十分有利。由于水性木器漆施工的可操作性增强，国内知名的装饰公司都打算全面使用水性木器漆，并培训油漆工组建相应的施工队伍。在日益重视涂料安全和环保的今天，水性木器漆正因其所具有的低危害、低污染特性，逐渐为市场所接受。

（一）水性木器漆的种类

水性木器漆是以水作为稀释剂的漆，又称为水溶性漆，是以水溶性树脂为成膜物，添加聚乙烯醇及其各种改性物制成。水性木器漆具有无毒环保、无气味、可挥发物极少、不燃不爆的高安全性、不黄变、涂刷面积大等优点，如图8-20所示。当前水性木器漆品牌众多，按照主要成分的不同，可分为以下三类。

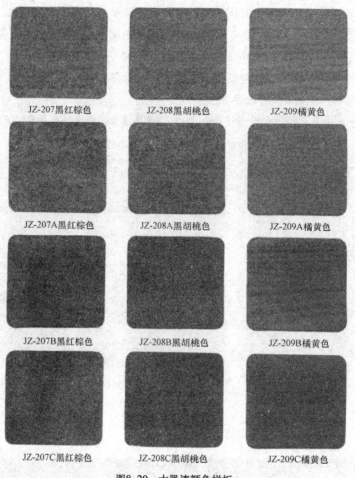

图8-20 木器漆颜色样板

1. 丙烯酸水性漆

丙烯酸水性漆的主要特点是附着力好,不会加深木器的颜色,但耐磨及抗化学性较差,漆膜硬度不高,丰满度较差,综合性能一般,施工易产生缺陷,其优点是价格便宜。

2. 聚氨酯水性漆

聚氨酯水性漆的综合性能优越,丰满度高,漆膜硬度强,耐磨性能甚至超过油性漆,在使用寿命、色彩调配等方面都有明显的优势,为水性漆中的高级产品。

3. 丙烯酸树脂与聚氨酯水性漆

丙烯酸树脂与聚氨酯水性漆除秉承丙烯酸漆的特点外,又增加了耐磨及抗化学性强的特点,漆膜硬度较好,丰满度较好,综合性能接近油性漆。

水性木器漆主要用于各种木质家具、构造的表面涂装,虽然水性漆具有环保且漆膜效果好等优点,但是单组分水性漆的硬度、耐高温等性能与传统的油性漆还存在一定差距,一般用于不太重要的装饰构造上,如家具的侧部板材,如图8-21所示。而用到台面、桌面等部位非常容易受到磨损。水性木器漆常用包装为0.5~10 kg/桶不等,其中2.5 kg包装产品价格为200~400元/桶。在施工中可以加清水稀释，但是加水量一般应≤20%。选购时，水性清漆则基本闻不出气味，或只有非常轻微的气味。如果经销商或包装说明上指出需要专用稀释剂或酒精类物质稀释，那就一定不是质量优良的产品。

（二）水性木器漆的施工工序

水性木器漆施工温度为10 ℃～30 ℃，相对湿度为50%～80%，过高或过低的温度、湿度都会导致涂装效果不良。水性木器漆与待涂面的温度应一致，不能在冷木材上涂漆。水性漆可在阳

图8-21 木器漆使用效果

光下施工与干燥，但是要避免在热表面上涂装。在垂直面上涂装时，应加5%～20%的清水稀释，应薄层多道施工，以免流挂。水性木器漆一般涂装3～4遍即可达到良好的效果，要求高丰满度时涂装道数还应增加。每遍之间不仅要进行打磨，还应适当延长干燥时间，4 h以上为佳。水性木器漆施工后通常干燥7天才能达到最佳强度。

二、木蜡油

木蜡油是植物油蜡涂料在国内的俗称，是一种类似油漆而又区别于油漆的天然木器涂料，它和目前那种基于石化类合成树脂所生产的油漆完全不同，原料主要以精练亚麻油、棕榈蜡等天然植物油与植物蜡并配合其他一些天然成分融合而成，连调色所用的颜料也达到了食品级。因此，它不含三苯、甲醛以及重金属等有毒成分，没有刺鼻的气味，可替代油漆用于家庭装修以及室外花园木器。

（一）木蜡油特性

1．木蜡油的主要成分

木蜡油主要由梓油、亚麻油、苏子油、松油、棕榈蜡、植物树脂及天然色素融合而成，调色所用的颜料为环保型有机颜料。木蜡油如图8-22所示。

2．木蜡油的作用原理

木蜡油中的油能渗透进木材内部，给予木材深层滋润养护；蜡能与木材纤维紧密结合，增强表面硬度，防水防污、耐磨耐擦，这样的黄金组合给木材提供了最为出色的养护和装饰作用。

3．木蜡油的使用效果

木蜡油能完全渗入木材，因此和有漆膜存在的传统油漆在外观上截然不同，表面呈开放式纹理效果。涂于不同的木料能给人不同的触感，而且可以局部修复和翻新而不留痕迹，施工也非常简单，只需涂擦一到两遍即可。同时，也不会对施工人员的健康造成伤害。

图8-22 木蜡油

4．木蜡油价格成本

虽然单位体积的木蜡油要比油漆贵上不少，但也比油漆固含率高出很多。木蜡油每升的涂刷面积在20 m^2左右（1遍），再加上木蜡油施工的辅料和人工成本要低不少（木蜡油施工不需要其他辅料和专业的油漆工），因此，单位面积的成本并不会比好的油漆高。

（二）木蜡油施工

1．基材处理

（1）白坯要求：木材含水率不超过20%。

（2）打磨处理：用砂纸打磨木材至表面光滑平整满意为止。砂纸要按目数从小到大依次使用，砂纸目数越大打磨效果越细腻。木材表面越细腻光滑，木蜡油施工效果越好，同时也更省木蜡油。

（3）填孔处理：对钉眼、节疤、洞眼用透明或同色腻子修补至平整。

（4）清洁处理：使涂刷前的表面清洁、干燥、无油脂及灰尘。

2．操作说明

（1）搅拌：开罐后充分搅拌至均匀。

（2）涂刷：用棉布、硬毛刷、滚筒等工具将涂料均匀地延木材纹理方向涂刷，略微干燥后，表面如有不均匀的涂料，用干净的棉布擦去，使已涂木材表面光滑。木材表面涂刷到位，不留死角。如需要光泽，6 h表干后可用百洁布抛光，以达到光亮效果。直接涂刷，无须打底，无须稀释，搅拌均匀，涂刷1～2遍。

3．干燥时间

保持涂刷环境通风良好，表干4～6 h，实干20～24 h。

4．维护翻新

（1）维护：清洁旧的木材表面至干燥、无油脂灰尘，重新涂刷一遍新的涂料即可。

（2）翻新：如果木材表面以前使用的是木蜡油，只需清洁木材表面的灰尘，直接涂刷一遍；如果木材表面以前使用的是传统油漆，则首先用翻新剂或打磨等方法将旧木材表面恢复到新木材表面效果，再涂刷。

5．注意事项

木蜡油不得与其他油漆或涂料混合使用。涂前处理，将表面抛光至光滑、干净无灰尘。注意产品存放。

木蜡油涂刷过程如图8-23所示。

图8-23　木蜡油涂刷过程

第四节　装饰壁纸

壁纸作为室内装饰材料有着很悠久的历史，早在16世纪就在英国、法国等欧洲国家作为价格昂贵的挂毯的廉价替代品在墙面上使用。到了20世纪，随着塑料壁纸等耐久性强、易于打理的壁纸的产生，壁纸成为室内墙面装饰仅次于乳胶漆的主要装饰材料。在西方国家，尤其是欧美等国，壁纸甚至超过乳胶漆成为墙面装饰的最主要材料，人均用量可以达到10 m^2以上。在国内，壁纸也日渐因其给人的独具的温馨浪漫的感觉受到了越来越广泛地应用。

一、壁纸的种类及其应用

随着新技术在壁纸制造中的运用，壁纸不但变得色彩丰富、纹理多样，还在耐久性、透气性、环保性、阻燃性和清洁性上有了极大提高，成为室内尤其是家居装饰的一种潮流选择。壁纸的种类很多，但在壁纸的多个品种中，塑料墙纸又是用量最大、发展最快的。

壁纸和乳胶漆一样具有相当好的耐磨性，同样可以经得起多次擦洗而不褪色。而且相对而言，壁纸拥有更加丰富多样的纹理和颜色，壁纸独具的柔性感觉还可以掩盖墙体的冰冷和坚硬感，给人以温馨、亲切的感觉，在装饰性上要明显强于乳胶漆。同时，壁纸的施工也相对简单，工期很短，需要替换也非常方便。其实景效果如图8-24所示。

除此之外，壁纸根据材料的不同还拥有多个品种可以选择，壁纸常见的品种如下。

图8-24　壁纸实景效果

（一）塑料壁纸

塑料壁纸是20世纪50年代就发展起来的装饰材料，它是以原纸为落层，以聚氯乙烯（PVC）薄膜为面层，经复合、印花、压花等工序制成，是目前生产最多、应用最广的一种壁纸。塑料壁纸可以分为普通壁纸（印花壁纸、压花壁纸）、发泡壁纸、特种壁纸等。每一类有几个品种，每一品种又有几十乃至几百种花色。塑料壁纸的各种性能优良，具有耐擦洗、耐磨、耐酸碱、难燃隔热、吸声、防霉和价格便宜等优点，表面通过印花、压花及发泡处理可以仿制出各种纹理效果，图案逼真，装饰效果好。

（二）纯纸壁纸

纯纸壁纸由麻、草、树皮及新型天然加强木浆加工而成，是一种较高档的墙面装饰材料。其最大优点就是绿色环保、无有毒有害物质，同时质感好、透气，墙面的湿气、潮气都可透过壁纸，长期使用，不会让人有憋屈的感觉，甚至被称为"会呼吸的壁纸"，是健康家居的首选，在西方国家是卧室尤其是儿童房的首选壁纸种类。纯纸壁纸在结构上一般被分为三层，其中最底层是纸基，纸基上是纸、纤维（织纺物）层，最上面还有一层涂有无机材料的装饰层。这层装饰层具有良好的易擦洗性能，脏了可以用湿布轻轻擦拭，日常的清洁打理十分方便。

（三）金属壁纸

金属壁纸是一种在基层将金、银、铜、锡、铝等金属经特殊处理后，制成薄片贴饰于壁纸表面的新型壁纸。金属壁纸有其独有的金属现代感，用于室内能够营造出一种金碧辉煌、繁复典雅的感觉，适合用于需要营造豪华氛围的公共场所，如酒店、大堂、夜总会等。豪华家居空间如客厅等墙面也可采用金属壁纸。

（四）纺织物壁纸

市场上常称纺织物壁纸为墙布，是壁纸中较高级的品种，主要是用丝、羊毛、棉、麻等天然纤维织成，所以，在透气性和外在质感上都非常不错。纺织物壁纸中又以无纺壁纸最受欢迎，无纺壁纸是采用棉、麻等天然纤维或涤纶、腈纶、丙纶等化纤布，经过无纺成型、上树脂处理后印花而成。无纺壁纸无毒、无味，对皮肤无刺激性，具有一定的透气性和防潮性，能擦洗而不褪色。同时，它通过印花技术可以制作出各种图案和颜色，还具有耐磨、质感好、弹性好、挺直、不易老化、不易褪色等优点，适用于各个空间的内墙装饰，用它装饰居室，给人以高雅、柔和、舒适的感觉。

（五）玻璃纤维印花壁布

玻璃纤维印花壁布也属于墙布的一种，它是以中碱玻璃纤维布为基材，表面涂以耐磨树脂，印上彩色图案花纹而制成的。其优点是美观大方，色彩鲜艳，不易褪色、老化变形，防火性能好，耐潮性强，可擦洗；缺点是当涂层磨损后，散出的玻璃纤维对人体皮肤有刺激性。因而，这种壁纸不能用在儿童房。

二、装饰壁纸的选购

选购壁纸时，首先需要注意风格的协调，壁纸拥有丰富多彩的纹样，很适合营造出各种风格的室内空间，选购时需要按照不同风格色系进行挑选，还需要注意和家具的搭配。除此之外，在质量上还需要注意以下几点。

（一）外观

看壁纸的表面是否存在色差、皱褶和气泡，图案纹理是否清晰，色彩是否均匀。同时，还要注意壁纸的表面不要有抽丝、跳丝等现象，展开壁纸看壁纸的厚薄是否一致，应选择厚薄一致且光洁度较好的壁纸。

（二）擦洗性

最好裁下一小块壁纸，用湿布用力擦拭，看看壁纸是否有褪色的现象。

（三）批号

选购壁纸时，要注意查看壁纸的编号与批号是否一致，因为有的壁纸虽然是同一品牌甚至同一编号的，但由于生产日期不同，也可能产生细微的色差，常常在购买时难于察觉，直到大面积铺贴后才发现。而每卷壁纸上的批号即代表同一种颜色,所以,选购时尽量保持编号和批号的一致,以避免壁纸颜色的不一致,影响装饰效果。

(四)环保

闻一闻壁纸本身有无刺鼻气味。相对而言,壁纸本身的环保问题不大,但是在施工中因为要采用胶粘的方式进行铺贴,因而不仅要注意壁纸本身的环保性,还应该重点关注施工时的环保问题。

三、壁纸的施工

(一)粘贴的施工工序

(1)检查一下墙面是否光滑,若有凸起,可用砂纸打磨平整,如图8-25所示。

(2)做好地面保护工作,在地上铺一层塑料纸或报纸,防止胶水直接坠落至地板,起到保护地板的作用。

(3)准备壁纸粘贴所需的工具:基膜、胶粉、卷尺、铅笔、壁纸刀、刮板、刷子、红外线水平仪、白毛巾、鬃毛刷、滚筒、接缝压滚、滚刷、裁缝铲、砂纸、水桶、注射器、刷胶台、自动刷胶机等。壁纸粘贴的施工工具如图8-26所示。

图8-25 基底打磨

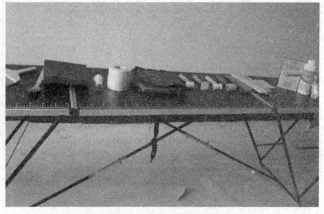

图8-26 壁纸粘贴的施工工具

(4)调制基膜液。先准备好清水,将基膜倒入桶中,搅拌均匀,一般情况下,基膜与清水的比例为1∶1。基膜液如图8-27所示。

(5)刷基膜。用滚筒沾满基膜,往墙上大面积涂刷,边角地方用刷子个别刷上,以确保每个角落都刷了基膜。

(6)等待基膜干透。刷完基膜至少3 h以后,确保基膜液干了才能贴壁纸,目的是防止墙体水分中碱性物质外渗。

(7)裁剪壁纸。检查产品标志并阅读施工说明,看是否有直接水平对花、错位对花、恣意对花的要求,必须按产品批号、卷号顺序裁切使用;要按作业墙面高度测算材质高度,壁纸上方花型应取完整图案,并且位置适当,一般裁剪出来的壁纸长度比墙面上下多预留10 cm左右,以备修边使用。裁剪壁纸如图8-28所示。

图8-27 基膜液

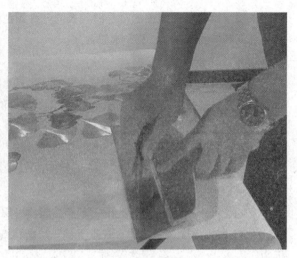
图8-28 裁剪壁纸

（8）标记。裁完一幅后应用铅笔在壁纸的背面做上标记，为了避免粘贴壁纸时头尾倒置，对花壁纸在裁剪第二幅时与上一幅的花对齐再进行裁剪，壁纸裁切完成，开始调制胶粉。

（9）调制胶粉。先准备足量的清水，然后缓慢倒入胶粉，同时均匀搅拌，按照使用说明上的参数比例兑水，搅拌时可间隔2~3 h搅拌多次，直至胶粉充分被溶解，形成黏稠的胶浆。调制胶粉如图8-29所示。

（10）为壁纸上胶。将调制好的胶粉倒入机盒，打开机器，将壁纸放入，按下开关，壁纸就这样轻松地被涂上胶了。上好胶的壁纸应均匀对折，并按包装上的说明放置一段时间，以吸收胶粘剂中的水分。

（11）粘贴第一张壁纸。从房间阴角开始，用红外线水平仪比对测量，防止因阴角不齐造成壁纸倾斜，壁纸顶端需留出大约10 cm富余量，作为修剪时用。壁纸对准位置后，轻轻用刮板将壁纸右侧从上至下刮平，刮到房顶上沿时，拿出壁纸刀，将上边富余的壁纸裁掉，用同样的方法使用刮板将墙壁下方的壁纸粘贴好。

图8-29 调制胶粉

（12）粘贴第二张壁纸。粘贴第二张壁纸时，不必再使用激光水平仪，紧贴第一张壁纸的右侧边沿粘贴即可，与第一张壁纸一样，也从右侧及上侧开始，逐渐往左侧及下方粘贴。壁纸接缝如图8-30所示。

（13）接缝、拐角处理：两幅壁纸的边缘接缝部位，需用接缝压滚进行滚压，使壁纸粘贴结实。遇到拐角处，以墙壁边沿为对准线，先将墙壁的右侧贴好，然后用手及刮板抹平，并裁掉地面处的壁纸，然后用手将

图8-30 壁纸接缝

拐角处的壁纸捋至隔壁墙面，用刮板将全部壁纸抹平。

（二）粘贴过程的注意事项

溢出的胶液应随时用干净的毛巾擦掉，特别是壁纸接缝处的胶痕要处理干净。遇到电源开关处，先用壁纸盖上，再用壁纸刀在上面以对角线画十字，用刮板抵住开关的边缘，用壁纸刀顺势割去多余的部分。开关位置处理如图8-31所示。

（三）验收

（1）整面墙粘贴完毕后，要仔细检查壁纸有没有明显的接缝痕迹、对花是否整齐、粘贴是否牢固。

（2）剩余的壁纸要保存好，在壁纸出现破损时可用来修补。

（3）刚贴好壁纸的房间不要立刻通风，应关闭门窗2~3天，阴干处理，避免通风导致壁纸翘边和起鼓。

图8-31　开关位置处理

1. 简述乳胶漆的施工工序。
2. 裱糊壁纸应注意哪些问题？
3. 裱糊工程常用工具有哪些？
4. 如何选择壁纸？

第九章　配套装饰工程

■ **本章知识点**

本章主要介绍室内配套装饰工程的相关内容，包括五金配件、装饰灯具、卫浴洁具安装施工等内容。

■ **学习目标**

通过本章的学习，掌握五金配件的种类及安装，掌握装饰灯具的种类及安装，掌握卫浴洁具设施的安装。

配套装饰工程是指卫生洁具、装饰灯具、建筑五金、装饰五金、装饰配件、室内配套设备及其他材料和机具的安装。

随着现代科学技术的发展，人们对居住条件及设备要求越来越高。因此，卫浴洁具、装饰灯具、建筑五金、装饰五金、装饰配件、室内配套设备及其他材料和机具的更新就显得十分重要。

第一节　五金配件

五金配件虽不起眼，却是日常生活中使用频率最高的部件。五金配件种类很多，包括锁具、铰链、滑轨、拉手、滑轮、门吸等，按设置方式可分为浴室五金件和厨房挂件等。

一、五金配件的种类

（一）锁具、门吸

锁具通常由锁头、锁体、锁舌、执手与覆板部件及有关配套件构成。其种类繁多，各种造型和材料的品种都很常见。锁具从用途上大体可以分为户门锁、室内锁、浴室锁、通道锁等几种；从外形上大致可分为球形锁、执手锁、门夹及门条等；从材料上则主要有铜锁、不锈钢锁、铝合金锁等。相对而言，铜和不锈钢材料的锁具应用最广，也是强度最高、最为耐用的品种。各种锁具如图9-1所示。

与锁具配套的五金配件还有门吸。门吸是一种带有磁铁，具有一定磁性的小五金件。门吸安装在门后面，在门打开以后，通过磁性稳定住门扇，防止风吹导致门自动关闭，同时，门吸还可以防止门扇磕碰墙体。目前市场上还流行一种门吸，称为"地吸"，其平时与地面处于同一个平面，不影响美观且打扫方便；当开门时，门上的部分磁铁会将地吸上的铁片吸起来，防止门扇磕碰墙体。各式门吸如图9-2所示。

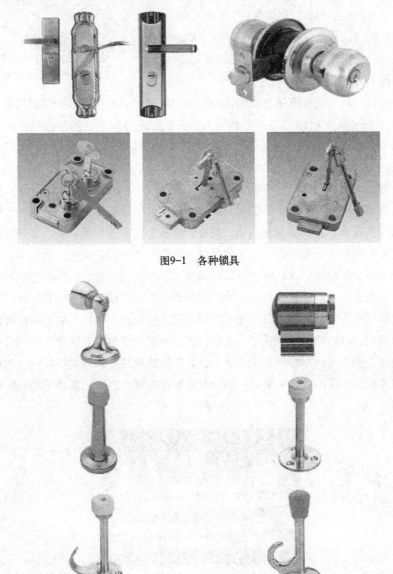

图9-1　各种锁具

图9-2　各式门吸

(二)铰链、滑轮、滑轨

铰链也称合页,是作用于各式门扇开启、闭合的重要部件,它不但要独自承受门板的质量还必须保持门外观上的平整。在日常生活中门扇频繁使用,经受考验最多的就是铰链。铰链选用不好,在一段时间使用后可能会导致门板变形、错缝不平。铰链按用途可分为升降合页、普通合页、玻璃合页、烟斗合页、液压支撑臂等。不锈钢、铜、合金、塑料等材料都可用于铰链制作。相对来说,钢制铰链是各种材料的铰链中质量最好、应用最广的,尤其是以冷轧钢制作的铰链,其韧度和耐用性能最佳。另外,应尽量选择多点定位的铰链。所谓多点定位,也称为"随意停",就是指门扇在开启的时候可以停留在任何一个角度的位置不会自动回弹,从而保证使用的便利性。尤其是上掀式的吊柜门,采用多点定位的铰链更是非常必要的。各式铰链如图9-3所示。

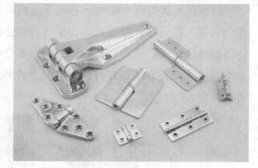

图9-3 各式铰链

滑轮多用于阳台、厨房、餐厅等空间的滑动门中。滑动门的顺畅滑动都依靠高质量滑轮系统的设计和制造。用于制造滑轮所使用的轴承必须为多层复合结构轴承,最外层为高强度耐磨尼龙衬套,并且尼龙表面必须非常光滑,不能有棱状凸起;内层滚珠托架也是高强度尼龙结构,减少了摩擦,增强了轴承的润滑性能;承受力的结构层均为钢结构。此种设计的滑轮大部分是超静音的,使用寿命为15~20年。

滑轨是保证滑动门推拉顺畅的重要部件,采用质量不好的滑轨,在使用较长一段时间后容易出现推拉门推拉困难的现象。滑轨有抽屉滑轨、推拉门滑轨、门窗滑轨等种类,其最重要的部件是轴承结构,它直接关系滑轨的承重能力。常见的有钢珠滑轨和硅轮滑轨两种。前者通过钢珠的滚动,自动排除滑轨上的灰尘和脏物,从而保证滑轨的清洁,不会因脏物进入内部而影响其滑动功能。同时,钢珠可以使作用力向四周扩散,确保抽屉水平和垂直方向的稳定性。硅轮滑轨在长期使用、摩擦过程中产生的碎屑呈雪片状,并且通过滚动还可以将其带起来,同样不会影响抽屉的自如滑动。相对而言,在静音上,硅轮滑轨效果更好。滑动门用的轨道一般有冷轧钢轨道和铝合金轨道两种。不应片面地认为冷轧钢轨道一定好于铝合金轨道,好的轨道取决于轨道的强度设计和轨道与滑轮接触面的光洁度和完美配合程度。相对来说,铝合金轨道在抗噪声方面还要强于冷轧钢轨道。各式滑轨如图9-4所示。

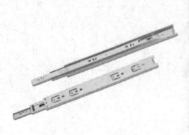 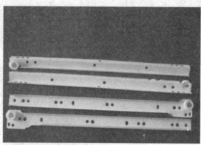 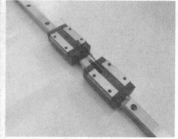

图9-4 各式滑轨

(三)拉篮、拉手

拉篮多用于橱柜内部,在橱柜内加装拉篮可以最大限度地扩大橱柜使用率。拉篮有很多品种,材料则有不锈钢、镀铬及烤漆等。拉篮以其便利性在橱柜的分割上已基本取代了之前的板式分隔。根据不同的用途,拉篮可分为炉台拉篮、抽屉拉篮、转角拉篮,各种物品在拉篮中都有相应的位置,在应用上非常便利。拉篮如图9-5所示。

拉手多用作家具的把手,品种多样,铜、不锈钢、合金、塑料、陶瓷、玻璃等均可用于拉手的制作。相对来说,全铜、全不锈钢的质量最好。拉手的选择需要和家具的款式配合起来,拉手选用得当对于整个家具来说可以起到画龙点睛的作用。各式拉手如图9-6所示。

图9-5 拉篮

图9-6 各式拉手

(四)闭门器

铰链也可以算作闭门器的一种,这里专门介绍的是地弹簧闭门器。地弹簧闭门器指的是能使门自动合上的一种五金件。地弹簧闭门器多用于商店、商场、办公室等公共空间的玻璃大门,在家居装饰中的浴室如果采用的是全玻璃门,也可采用地弹簧闭门器。

通常,铝合金门厚度大于36 mm、木制门的厚度大于40 mm、全玻璃门的厚度在12 mm以上都可以采用地弹簧闭门器。地弹簧闭门器根据开合方式可以分为两种,一种是带有定位功能的,当门开到一定的程度会自动固定住,小于此角度则自动关闭,多见于一些酒店、宾馆等公用场合;另一种是没有定位功能的,无论门开到什么角度,都会自动关闭。地弹簧闭门器如图9-7所示。

图9-7 地弹簧闭门器

二、装饰五金配件的选购要点

(一)锁具、门吸

相对而言,纯铜和不锈钢的锁具质量更好,纯铜锁具手感较重,而不锈钢锁具明显较轻。市场上还有镀铜的锁具，纯铜锁具和镀铜锁具的区别在于纯铜制成的锁具一般都经过抛光和磨砂处理，与镀铜相比，色泽要暗，但很自然。无论选用何种材料制成的锁具，最重要的是锁的灵敏度，可以反复开启检测，锁芯弹簧的可靠性和灵活性要好。一般门锁适用门厚为35～45 mm，但有些门锁可延长至50 mm，同时注意门锁的锁舌伸出的长度不能过短。

门吸的选购没有什么特别要注意的，只是门吸是一种带有磁铁，具有磁性的五金配件。在选购上需要注意的是磁性的强弱，磁性过弱会导致门扇吸附不牢。

（二）铰链、滑轮、滑轨

铰链好坏主要取决于轴承的质量，一般来说，轴承直径越大越好，壁板越厚越好，另外，可以开合、拉动几次，开启轻松、无噪声且灵活自如为佳。

滑轮是最重要的五金部件，目前，市场上滑轮的材质有塑料、金属和玻璃纤维。塑料滑轮质地坚硬，但容易碎裂，使用时间一长会发涩、变硬，推拉感就变得很差；金属滑轮强度大、硬度高，但在与轨道接触时容易产生噪声；玻璃纤维滑轮韧性、耐磨性好，滑动顺畅，经久耐用。

滑轨一般有铝合金和冷轧钢两种材质，铝合金滑轨噪声较小，冷轧钢滑轨较耐用，不管选择何种材质滑轨，重要的是其和滑轮的接触面必须平滑，使拉动时流畅和轻松。同时，还必须注意轨道的厚度，加厚型的更加结实耐用。好的和差的滑轨价格相差很大，因为滑轨是经常使用的部件，购买品牌产品质量更有保障。大品牌的滑轨使用期限都为15年左右，而一些仿冒产品在2个月后可能就会坏掉。

（三）拉篮、拉手

拉篮和拉手的选购需要注意表面光滑、无毛刺，摸上去感觉比较滑腻。另外，还要注意拉篮和拉手的表面处理，例如，普通钢材表面镀铬后质感和不锈钢类似，不要将两者混淆。另外，拉篮一般是按橱柜尺寸量身定做，所以，在选购之前还必须确定橱柜尺寸。另外，拉手还应能承受较大的拉力，一般拉手应能承受6 kg以上的拉力。

（四）地弹簧闭门器

地弹簧闭门器有国产和进口之分，进口的质量不错，但是价格很高，在市场上的占有量不是很大。选择时需要特别注意的是地弹簧分为轻型、中型和重型三种。轻型一般可以承载120 kg左右的门体，中型的承载量为120～150 kg，重型的承载量在150 kg以上。

第二节　装饰灯具

灯具是装饰灯具的总称，灯具的种类繁多，造型千变万化，是室内装饰装修中非常重要，也大量使用的一种装饰材料。灯具不仅起着照明的作用，也是美化环境、渲染气氛等的极佳方式。

一、灯具的种类

（一）筒灯

筒灯采用点光源嵌入式直射光照方式，一般是将灯具按一定方式嵌入顶棚，并配合室内空间共同组成所要的各种造型，使灯光成为一个完整的艺术图案。如果顶棚照度要求较高，也可以采用半嵌入式灯具，还有横插式、明装式等。现在市面上主流的筒灯均为LED灯芯的筒灯。其各种样式如图9-8～图9-10所示。

图9-8 筒灯

图9-9 嵌入式筒灯

图9-10 横插式筒灯

明装式筒灯的随意性很强，可根据照明的需要来进行设计。顶棚、背景墙、床头、玄关等都可以使用明装式筒灯来装饰。明装式筒灯如图9-11所示。

（二）射灯

射灯光线方向性强、光色好、色温一般为2 950 K，射灯能创造独特的环境气氛，深得人们尤其是年轻人的青睐。射灯既能做主体照明，又能做辅助光源，它的光线极具可塑性，可安置在顶棚四周或家具上部，也可置于墙内、踢脚线里，直接将光线照射在需要强调的物体上，起到突出重点、丰富层次的效果。

图9-11 明装式筒灯

射灯本身的造型也大多简洁、新潮、现代感强；一般配有各种不同的灯架，可进行高低、左右调节，可独立、可组合；灯头可做不同角度的旋转，可根据工作面的不同位置，任意调节，小巧玲珑，使用方便。射灯如图9-12～图9-14所示。

图9-12 滑轨射灯

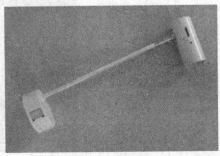
图9-13 展柜射灯

图9-14 舞台射灯

射灯亮度非常高，显色性好，控制配光非常容易。点光、阴影和材质感的表现力非常强，因此，它多用于舞台上和展示厅做展示灯，烘托照明气氛。

（三）吊灯

吊灯通常是室内灯饰的重头戏，品种也更为繁多。按外形结构可分为枝形、花形、圆形、方形、宫灯式、悬垂式等；按构件材质有金属构件和塑料构件之分；按灯泡性质可分为白炽灯、荧光灯、小功率蜡烛灯、LED灯；按体积大小可分为大型、中型、小型。如选择吊灯，那么层高尽量要在3 m以上。

吊灯的形式如图9-15所示。

 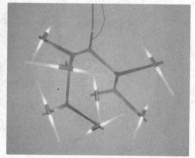 

图9-15　吊灯的形式

使用吊灯应注意其上部空间也要有一定的亮度，以缩小上下空间的亮度差别，否则，会使房间显得阴森。层高低于2.6 m的居室不宜采用华丽的多头吊灯，不然会给人以沉重、压抑之感，仿佛空间都变得拥挤不堪。

单头吊灯多用于卧室、餐厅，灯罩口朝下，就餐时灯光直接照射于餐桌上，给用餐者带来清晰明亮的视野；多头吊灯适宜装在客厅或大空间的房间里；水晶豪华灯饰则使室内华光四射、缤纷夺目、富丽壮观。

（四）吸顶灯

灯具安装面与建筑物顶棚紧贴的灯具俗称为吸顶灯，适用于在层高较低的空间中安装。光源即灯泡以白炽灯和荧光灯为主。以白炽灯或LED灯片为光源的吸顶灯，大多采用乳白色塑料罩或玻璃罩；以荧光灯为光源的吸顶灯多用有机玻璃、金属格片为罩。直径在200 mm左右的吸顶灯适宜在过道、浴室、厨房内使用（图9-16）；直径在400 mm以上的吸顶灯则可在房间中使用（图9-17）。

 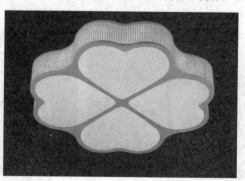

图9-16　吸顶灯（一）　　　　　　　　图9-17　吸顶灯（一）

（五）壁灯

壁灯是室内装饰灯具，一般多配用乳白色的玻璃灯罩。灯泡功率多为15~40 W，光线淡雅和谐，可将环境点缀得优雅、富丽，尤以新婚居室特别适合。壁灯的种类和样式较多，一般常见的有吸顶式壁灯、变色壁灯、床头壁灯、镜前壁灯等。

壁灯安装的位置应略高于站立时人眼的高度。其照度不宜过大，这样更富有艺术感染力，可在吊灯、吸顶灯为主体照明的居室内作为辅助照明，与吊灯、吸顶灯交替使用，既省电又可调节室内气氛（图9-18）。由于壁灯特有的形态以及功能，其造型夸张、花样繁多、美感十足（图9-19）。

图9-18　壁灯（一）

图9-19　壁灯（二）

（六）落地灯

在布置室内光源时，落地灯是最容易营造出效果的灯具。它既可以担当一个小区域的主灯，又可以通过照度的不同和室内其他光源配合营造出光环境的变化。同时，落地灯还可以凭自身独特的外观，成为室内一件不错的摆设以及一道亮丽的风景。

落地灯一般由灯罩、支架、底座三部分组成。其造型挺拔、优美（图9-20）。墙角灯也属落地灯一类，它像一只加大尺寸的台灯，只不过是增加了一个高底座。从功能上来讲墙角灯与落地灯相同；从造型上看，墙角灯似乎更稳重典雅，它常常以瓶式、圆柱式的座身配以伞形或筒形罩子用于沙发或家具转角处，十分美观。

（七）其他

除以上所介绍的常用灯具外，室内装饰灯具还有普通灯管、台灯、水晶灯、牛眼灯等。

图9-20 落地灯

二、装饰灯具的选购

（1）同房间的高度相适应。房间高度在3 m以下时，不宜选用长吊杆的吊灯及垂度高的水晶灯，否则会有碍安全。

（2）同房间的面积相适应。装饰灯具的面积不要大于房间面积的3%。如照明不足，可增加数量，否则会影响装饰效果。

（3）同整体的装修风格相适应。中式、日式、欧式的灯具要与周围的装修风格协调统一，才能避免给人以杂乱的感觉。

（4）同房间的环境质量相适应。卫生间、厨房等特殊环境，应该选择有防潮、防水特殊功能的灯具，以保证正常使用。

（5）同顶部的承重能力相适应。特别是吊灯的顶部，必须有足够的承受能力才能安装相适应的灯具。

在选购装饰灯具时，应注意要把安全放在首位，不要只考虑价格便宜，价格便宜的灯很多质量不过关，而质量不过关的灯具往往隐患无穷，存在不安全因素，一旦发生火灾，不但个人经济受损，还会殃及四邻，后果不堪设想。因此，选用灯具要先看其质量，检查其质量保证书、合格证是否齐全，切不可图便宜选购劣质灯具。

另外，浴室、厨房适用的灯有吊灯、吸顶灯、筒灯等，在选择这类灯具时，首先要考虑防潮和防雾。目前市场上有配套销售的防水灯，这种技术含量较高的灯具最适合在浴室使用，使用寿命也较长。

第三节　卫浴洁具

卫浴洁具主要是由卫浴陶瓷及其配件组成的。卫浴陶瓷是用作卫浴设施的有釉陶瓷制品，包括各种便器、水箱、洗面盆、净身器、水槽等，与卫浴陶瓷配套使用的有水箱配件、水龙头等。

近年来，卫浴洁具的材质也发生了本质的变化，由过去陶瓷制品一家独大，发展成为不锈钢、玻璃、铝合金、铸铁、亚克力材质等制品并存的多元化局面。

一、洗面盆

洗面盆虽小，但关系到人生活的心情。选择一款美观实用的洗面盆，能让使用者心情愉悦而自信，如图9-21所示。

传统的洗面盆只注重实用性，而现在流行的洗面盆更加注重外形。单独摆放，其种类、款式和造型都非常丰富。洗面盆一般可分为台式面盆、立柱式面盆和挂式面盆三种。台式面盆又有台上盆、上嵌盆、下嵌盆及半嵌盆之分；立柱式面盆可分为立柱式及半柱盆两种。洗面盆从形式上可分为圆形、椭圆形、长方形、多边形等；从风格上可分为优雅形、简洁形、古典形和现代形等。

立柱式面盆比较适合于面积偏小或使用率不是很高的卫生间（如客卫），一般来说，立柱式面盆大多设计很简洁，由于可以将排水组件隐藏到主盆的柱中，因而给人以干净、整洁的外观感受，而且，在洗手时，人体可以自然地站在盆前，从而使用起来更加方便、舒适，如图9-22所示。

台式面盆则比较适合安装于面积比较大的卫生间，可制作天然石材或人造石材的台面与之配合使用，还可以在台面下定做浴室柜，盛装卫浴用品，美观实用。

图9-21　洗面盆

图9-22　立柱式面盆

台上盆的安装比较简单，只需按安装图纸在台面预定位置开孔，后将盆放置于孔中，用玻璃胶将缝隙填实即可，使用时台面的水不会顺缝隙下流。因为台上盆的造型、风格多样，且装修效果比较理想，所以在家庭中使用得比较多。

台下盆对安装工艺的要求较高。首先需按台下盆的尺寸定做台下盆安装托架，然后将台下盆安装在预定位置，固定好支架再将已开好孔的台面盖在台下盆上后固定在墙上，一般选用角铁托住台面然后与墙体固定。台下盆整体外观整洁，比较容易打理，所以在公共场所使用较多。但是盆与台面的接合处比较容易藏垢，不易清洁。

不同式样的洗面盆如图9-23所示。

图9-23　不同式样的洗面盆

选用玻璃洗面盆时，应该注意产品的安装要求。有的洗面盆安装要贴墙，需在墙体内使用膨胀螺栓进行盆体固定，如果墙体内管线较多，就不适宜使用此类面盆，除此之外，还应该检查面盆下水返水弯、面盆龙头上水管及角阀等主要配件是否齐全。

二、抽水马桶

抽水马桶又称为坐便器。坐便器按冲水方式大致可分为冲落式（普通冲水式）和虹吸式。而虹吸式又分为虹吸冲落式、旋涡式、喷射式等，如图9-24所示。

虹吸式与普通冲水式的不同之处在于它一边冲水，一边通过特殊的弯曲管道进行虹吸，将污物迅速排出。旋涡式和喷射式设有专用进水通道，水箱的水在水平面下流入坐便器，从而消除水箱进

图9-24　不同类型的马桶

水时冲击管道产生的噪声，具有良好的静音效果；而普通冲水式及虹吸冲落式排污能力强，但冲水时噪声比较大。

现在市场上也出现了智能马桶。智能马桶拥有许多特别的功能，如臀部清净、下身清净、移动清净、坐圈保温、暖风烘干、自动除臭、静音落座等。最方便的是，除可以通过面板按钮来进行操作外，还设有遥控装置，消费者在使用的时候，只要手握遥控器轻轻一按，所有以上功能都可轻松实现。

智能马桶起初用于医疗和老年保健，洁身功能可有效减少所有人群的肛门疾病以及女性下身部位的细菌感染，大大减少妇科疾病和肛肠类疾病的患病率。不同强度的水势重复作用于净洗部位的按摩功能，促进血液循环，预防相关疾病，尤其对便秘患者来说，具有促进通便的作用。智能马桶如图9-25所示。

在选购坐便器时，消费者可以根据需要来定。由于卫生洁具多半是陶瓷质地，所以在挑选时应仔细检查它的外观质量。陶瓷外面的釉面质量十分重要，好釉面的坐便器光滑、细致、没有瑕疵，经过反复冲洗后依然光滑如新。如果釉面质量不好，则容易使污物污染坐便四壁。

可用一根细棒轻轻敲击坐便器边缘，听其声音是否清脆，当有沙哑声时证明坐便器有裂纹。将坐便器放在平整的台面上，检查各方向的转动是否平稳匀称、安装面及坐便器表面的边缘是否平正、安装孔是否均匀圆滑。优质坐便器必须釉面细腻平滑，釉色均匀一致。可以在釉面上滴几滴带色的液体，并用布擦匀，数秒钟后用湿布擦干，再检查釉面，以无脏斑点的为佳。

图9-25　智能马桶

消费者在购买时应留意保修和安装服务，以免日后产生不便。一般正规的洁具销售商都具有比较完善的售后服务，消费者可享受免费安装、3~5年的保修服务；而小厂家则很难保证。

三、浴缸

浴缸是传统的卫生间洁具，经过多年的发展，无论从材质还是功能上，都有了很大的变化。不同样式的浴缸如图9-26所示。

图9-26　不同样式的浴缸

常用浴缸一般可分为钢板搪瓷浴缸、铸铁浴缸、亚克力浴缸和珠光浴缸。其特点如下：

（1）钢板搪瓷浴缸。搪瓷表面光滑，易搬运、安装，但不耐撞击，保温性不好。

（2）铸铁浴缸。坚固耐用、光泽度高、耐酸碱性能好，但笨重，不易搬运、安装。

（3）亚克力浴缸。造型多变、质轻、保温效果好，但因硬度不高，表面易产生划痕。

（4）珠光浴缸。表面光滑且有珍珠般光泽、坚固耐用、保温性好、重量轻、易于安装。

通常情况下浴缸的长度为1 100～1 700 mm，深度为500～800 mm。如果浴室面积较小，可以选择1 100 mm、1 300 mm浴缸；如果浴室面积大，可选择1 500 mm、1 700 mm浴缸；如果浴室面积足够大，可以安装高档的按摩浴缸和双人用浴缸，或外露式浴缸。

长度在1.5 m以下的浴缸，深度往往比一般浴缸深，约为700 mm，这就是常说的坐浴浴缸，由于缸底面积小，这种浴缸比一般浴缸容易站立，节约了空间同时不影响使用的舒适度。

按摩浴缸能够按摩肌肉、舒缓疼痛及活络关节。按摩浴缸有三种：旋涡式，令浸浴的水转动；气泡式，把空气泵入水中；结合式，结合以上两种特色。但要注意选择符合安全标准的型号，还要请专业人士代为安装。

浴缸的选择还应考虑到人体的舒适度，也就是人体工程学。浴缸的尺寸符合人的体形，包括：靠背要贴合人腰部的曲线，倾斜角度要使人舒服；按摩孔的位置要合适；头靠使人头部舒适；双人浴缸的出水孔要使两个人都不会感到不适；浴缸内部的尺寸应该是人背靠浴缸伸直腿的长度；浴缸的高度应该在人大腿内侧的三分之二处最为合适。

四、淋浴房

淋浴房是目前市场上比较热销的产品，有进口和国产的分别。由于其价格适中、安装简单、功能齐备，又符合卫生间干湿分离的要求，所以很受消费者的青睐。

目前，从功能方面看，市场上的淋浴房可分为淋浴屏、电脑蒸汽房、整体淋浴房三种。

淋浴屏是一种最简单的淋浴房，包括底盆（亚克力材质）和铝合金及玻璃围成的屏风，屏风起到干湿分离的作用，用来保持空间的清洁，如图9-27所示。

电脑蒸汽房一般由淋浴系统、蒸汽系统和理疗按摩系统组成。国产蒸汽房的淋浴系统一般都有顶花洒和底花洒，并增加了自洁功能；蒸汽系统主要是通过下部的独立蒸汽孔散发蒸汽，并可在药盒里放入药物供人享受药浴保健；理疗按摩系统则主要是通过淋浴房壁上的针刺按摩孔出水，用水的压力对人体进行按摩（图9-28）。

整体淋浴房无论其功能还是价格，都介于淋浴屏和电脑蒸汽房之间。既能淋浴，又全封闭；既能作电脑蒸汽房，又舍弃了电脑蒸汽房的多余功能。

从形态方面来看，常用的淋浴房有以下几种：

（1）立式角形淋浴房。从外形分有方形、弧形、钻石形；从结构分有推拉门、折叠门、转轴门等；从进入方式分有角向进入式和单面进入式。角向进入式最大的特点是可以更好地利用有限浴室面积，扩大使用率，是应用较多的款式。

（2）一字形浴屏。有些房型宽度窄，或有浴缸位但消费者并不愿用浴缸而选用淋浴屏时，多用一字形淋浴屏。

图9-27 淋浴屏

图9-28 整体淋浴房

（3）浴缸上浴屏。许多消费者已安装了浴缸，但又常常使用淋浴，为兼顾此两者，也可在浴缸上制作浴屏，但费用很高，并不合算。

在选购时应注意，淋浴房的主材为钢化玻璃，钢化玻璃的品质差异较大，正品的钢化玻璃仔细看有隐隐约约的花纹；淋浴房的骨架采用铝合金制作，表面做喷塑处理，不腐、不锈，主骨架铝合金厚度最好在1.1mm以上，这样门才不易变形；检查滚珠轴承是否灵活，门的启闭是否方便轻巧，框架组合是否用不锈钢螺栓；底盆的材质有玻璃纤维、亚克力、金刚石三种，其中以金刚石牢固度最好，污垢清洗方便。另外，一定要购买标有详细生产厂名、厂址和商品合格证的产品，同时比较售后服务，并索取保修卡。

五、水槽

水槽是厨房中必不可少的卫生洁具，一般用于橱柜的台面上。传统的由铁支架支撑的瓷质四方形水槽已经逐渐引退，现在常被选用的是新造型、新材质的新式水槽。

常见的有耐刷洗的不锈钢水槽，颜色丰富、抗酸碱的人造结晶石水槽，质地细腻与台面可无缝衔接的可丽耐水槽（图9-29），陶瓷珐琅水槽，花岗石混合水槽等。

不锈钢水槽有亚光、抛光、磨砂等款式，它不仅克服了易刮伤、有水痕的缺点，高档的更具有良好的吸声能力，能够将洗刷餐具时产生的噪声降至最低。不锈钢水槽的尺寸和形状多种多样，它本身具有的光泽能让整个厨房极具现代感，如图9-30所示。

人造结晶石是人工复合材料的一种，由结晶石或石英石与树脂混合制成。这种材料制成的水槽有很强的抗腐性，可塑性强且色彩多样。与不锈钢的金属质感比起来，它更为温和，而且多样的色彩可以迎合各种整体厨房设计，如图9-31所示。

花岗石混合水槽是由80%的天然花岗石粉混合了丙烯酸树脂铸造而成的产品，属于高档材质产品。其外观和质感就像纯天然石材一般坚硬光滑,水槽表面显得高雅、时尚、美观、耐磨,如图9-32所示。

图9-29 可丽耐水槽

图9-30 不锈钢水槽

图9-31 人造结晶石水槽

图9-32 花岗石混合水槽

六、水龙头

水龙头是室内水源的开关,负责控制和调节水的流量大小,是室内装饰装修必备的材料。不同样式的水龙头如图9-33所示。

从功能方面看,常用的水龙头可分为冷水龙头、面盆龙头、浴缸龙头、淋浴龙头四大类。

冷水龙头的结构多为螺杆升降式,即通过手柄的旋转,使螺杆升降而起到控制水流的效果。其优点是价格较便宜;缺点是使用寿命较短。

面盆龙头用于放冷水、热水或冷热混合水。其结构有螺杆升降式、金属球阀式、陶瓷阀芯式等。阀体用黄铜制成,外表有镀铬、镀金及各色金属烘漆,造型多种多样;手柄可分为单柄和双柄等形式。高档的面盆龙头装有落水提拉杆,可直接提拉打开洗面盆的落水口,排除污水。

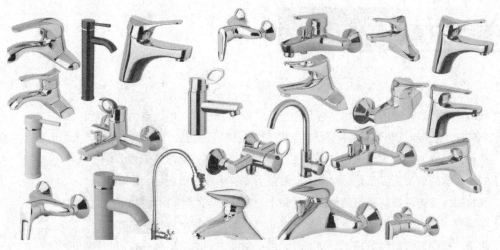

图9-33 不同样式的水龙头

浴缸龙头在目前市场上最流行的是陶瓷阀芯式单柄浴缸龙头。它采用单柄即可调节水温，使用方便；陶瓷阀芯使水龙头更耐用，不漏水。浴缸龙头的阀体多采用黄铜制造，外表有镀铬、镀金及各式金属烘漆等。

淋浴龙头的阀体多用黄铜制造，外表有镀铬、镀金等。启闭水流的方式有螺杆升降式、陶瓷阀芯式等，用于开放冷热混合水。

水龙头的阀芯决定了水龙头的质量。因此，挑选好的水龙头首先要了解水龙头的阀芯。目前常见的阀芯主要有陶瓷阀芯、金属球阀芯和轴滚式阀芯三种。陶瓷阀芯的优点是价格低，对水质污染较小，但陶瓷质地较脆，容易破裂；金属球阀芯具有不受水质的影响、可以准确地控制水温、节约能源的功效；轴滚式阀芯的优点是手柄转动流畅，操作容易简便，手感舒适，耐老化、耐磨损。

课后思考

1. 简述五金配件的种类。
2. 五金配件的选购要点是什么？
3. 简述装饰灯具的种类。
4. 简述水槽的种类与区别。

参考文献 References

[1] 张峰,陈雪杰. 室内装饰材料应用与施工[M]. 北京:中国电力出版社,2009.
[2] 郭东兴,张嘉琳,林崇刚. 装饰材料与施工工艺[M]. 2版. 广州:华南理工大学出版社,2010.
[3] 苗壮,刘静波. 室内装饰材料与施工[M]. 哈尔滨:哈尔滨工业大学出版社,2000.
[4] 刘峰. 室内装饰施工工艺[M]. 上海:上海科学技术出版社,2004.
[5] 张秋梅. 室内装饰材料与装修施工[M]. 2版. 长沙:湖南大学出版社,2010.
[6] 平国安. 室内施工工艺与管理[M]. 北京:高等教育出版社,2003.
[7] 郭谦. 室内装饰材料与施工[M]. 北京:中国水利水电出版社,2006.
[8] 丁洁民,张洛先. 建筑装饰工程施工[M]. 2版. 上海:同济大学出版社,2004.
[9] 王义山. 建筑装饰基本理论知识[M]. 北京:中国建筑工业出版社,2000.
[10] 杨天佑. 简明装饰装修施工与质量验收手册[M]. 北京:中国建筑工业出版社,2004.
[11] 丁宇. 室内装饰材料与施工工艺[M]. 长沙:中南大学出版社,2014.
[12] 张颖,毕海龙. 室内外装饰材料与施工工艺[M]. 南京:南京大学出版社,2014.